北の大地に夢を運ぶ軽自動車

小さなプレハブから始まった「北海道軽パーク」成長の軌跡

株式会社クレタ［著］
石亀一昭［編］
株式会社クレタ代表取締役社長

はじめに

2023年に完成した、プロ野球チーム・北海道日本ハムファイターズの新球場「エスコンフィールドHOKKAIDO」で一躍注目を集めることになったのが、北海道北広島市です。札幌市と隣接するアクセスの良さに加え、最近ではショッピングモールや芸術文化ホールを併設した図書館など、地方と都会の良さが共存する街として、存在感を増しています。

そんな北広島で人気のショッピングモール「三井アウトレットパーク」の入口にあるのが、「北海道軽パーク　北広島店」です（次ページ写真）。北広島インターチェンジからクルマで5分という絶好の立地にある北海道軽パークは、その名の通り、軽自動車を生産するすべての自動車メーカーのクルマを取り扱う自動車販売店です。

小高い丘の上に建つ、大きく張り出した屋根付き展示場には、スズキ、ダイハ

北海道軽パーク 北広島店

ツ、三菱、スバル、マツダ、日産、ホンダ、トヨタと、国内自動車メーカーの軽自動車やコンパクトカーが並んでいます。

広々とした店内には、カーライフアドバイザーや、保険のスペシャリストが常駐。ＦＰ（ファイナンシャル・プランナー）資格を持つスタッフもおり、お客さま一人ひとりのライフスタイルにマッチしたオリジナルプランを提案してくれます。

ガラス張りで作業風景が見えるウェイティングスペースには、一人掛けの大ぶりなソファが並びます。車の整備はもちろん、1時間以内に終了する車検作業を見ながら、お客さまがゆったりくつろげるスペースになっています。

北海道軽パークを運営するのが、株式会社クレタです。従業員数は１００名を超え、２０２３年には売上高48億円を達成しています（図表1）。

自動車販売会社への入社希望者数が軒並み落ち込むなか、クレタはマイナビと日本経済新聞社が共同で発表している「大学生就職企業人気ランキング」の北海道版で、２０２３年卒版で13位にランクイン、２０２５年卒のランキングでも24位に入り、そのほかにも「北海道を代表する企業１００選」に選んでいただける

図表1

クレタの売上推移

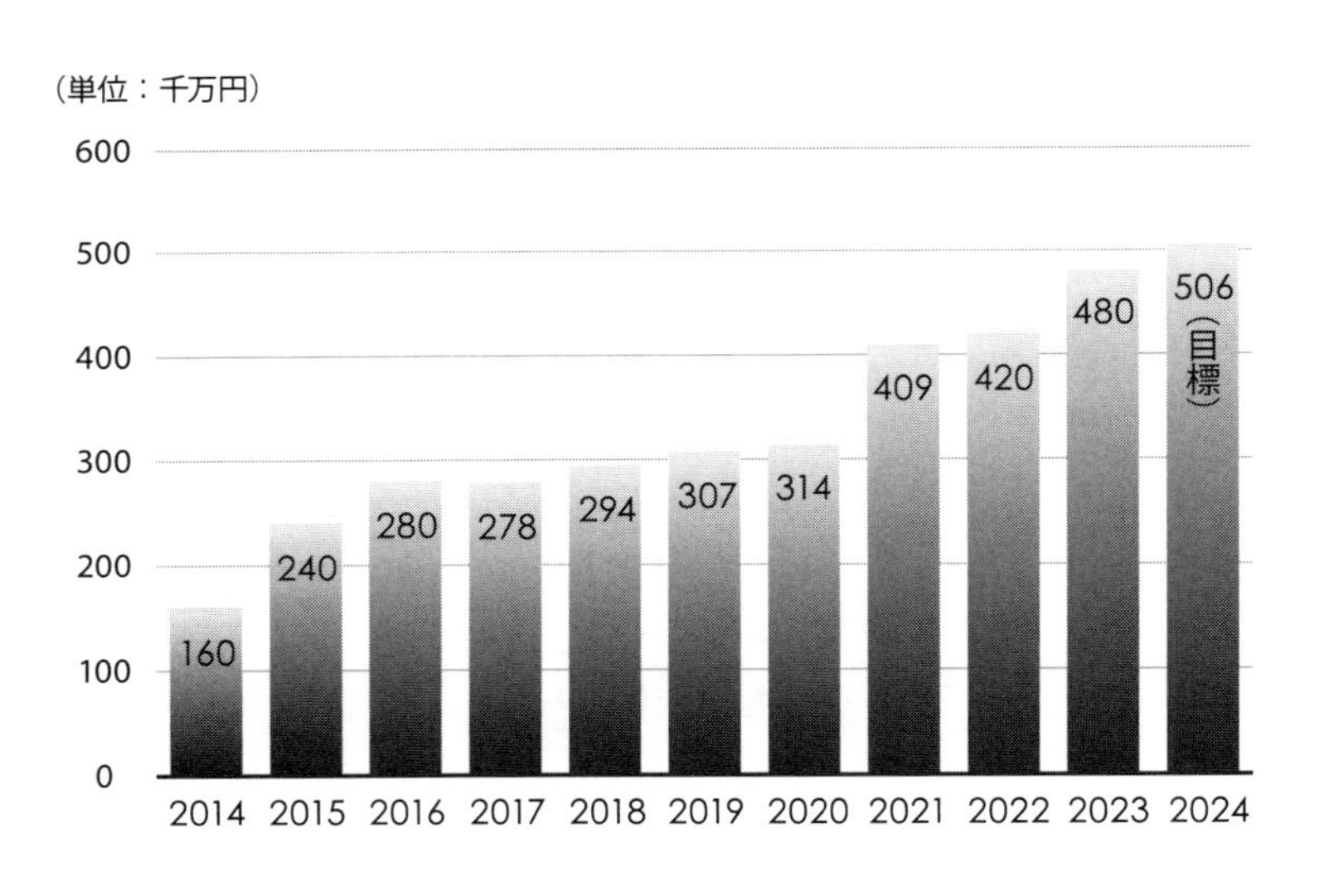

1998年の創業以来成長を続け、
2023年の売上は48億円

までになりました。

クレタに入社してくるのは、クルマ好きな学生だけではありません。むしろ「クルマには興味がなかった」「運転はあまりしたことがない」という若い人がほとんどです。

そのような人たちが生き生きと、やりがいを持って働いてくれている、それがクレタという会社です。

北海道軽パークは、その名の通り、軽自動車に特化した高い専門性を強みとし、北広島店のほか、苫小牧（本社）と札幌、札幌東の4店舗を展開。自動車販売、保険、整備、鈑金・塗装、車検、リセールと、軽自動車にまつわるすべてのニーズを、〝ワンストップ〟で提供できるトータルカーライフサポートショップとして、北海道の人々になくてはならない存在になっています。

現在、年間販売台数は約2500台、年間車検台数は約5000台、総在庫台数は1000台以上という、北海道最大級の軽自動車専門店にまで成長しています。

クレタの創業は、約25年前の1998年2月。北海道・苫小牧の郊外の160坪の敷地と、小さなプレハブからスタートしました。その前年の1997年11月に、日本国内は未曾有の金融危機に直面します。北海道拓殖銀行が巨額の不良債権を抱えて経営破綻し、同じく北海道の老舗百貨店「丸井今井」が経営危機に陥りました。同月末には大手証券会社の山一證券が自主廃業に追い込まれています。

そんな最悪のタイミングで、私、石亀一昭はクレタを創業します。

店舗の立ち上げから数年は苦しい状況が続きましたが、その状況を救ったのが、軽自動車でした。

創業当初は多種多様な車種を扱っていたのを、整備の効率性を高めるためスズキ・ジムニーに車種を絞り、地域で一番の在庫店へとカタチを変えていくと業績が安定。その後、ショールームを建設し、各自動車メーカーの新型の軽自動車を並べることで、一気に集客力がアップしていきました。

2010（平成22）年からは、走行距離の少ない中古の軽自動車の販売に注力し、販売だけでなく車検や自動車保険、メンテナンスなど充実したアフターフォローで、長期間にわたりさまざまなカタチでお客さまのニーズに応えています。現在、在庫の80%を占めているのが、走行距離100km未満の新車に近い中古の軽自動車です。

「新車は高くて手が出ない」「買うならば、キレイなクルマがいい」「品質の良いものを!」「納車するまでに時間をかけたくない」……。そんなお客さまが遠方からも多くいらっしゃいます。

「軽自動車で、北海道を元気に。」

これが、クレタが掲げる企業理念です。

軽自動車の特徴は、車両購入費が安く、燃費が良く維持費も安く済み、環境にも優しいこと。それにもかかわらず、クルマが日常生活に必須の北海道は軽自動車の普及率が全国的にも低いのが現状です。軽自動車を普及させることで、クルマにかけるお金を減らしてもらい、人々の可処分所得を増やして、北海道民の暮らしのレベルを高められるのではないか。可処分所得が増えることで、大学進学率が低い北海道の子どもたちへの教育資金に充てられるのではないか……。

軽自動車を普及させることで、北海道を元気にできる。言い換えれば、軽自動車を販売するクレタの仕事で、北海道の人たちを幸せにできる。そんな想いが「軽自動車で、北海道を元気に。」という理念へとつながっていったのです。


本書では、クレタが創業からどのような軌跡で北海道を代表する企業にまで成長できたのか、立ちはだかる壁をどう解決してきたかを振り返るとともに、クレタが大事にしてきたことを、それぞれの担当者が語ります。


第1章から第3章までと第7章と第8章は、創業者であり、代表取締役社長の石亀一昭が語り、第4章から第6章は各現場の担当者が語ります。

第1章では、石亀一昭がなぜ自動車整備の仕事を目指したのか。自動車販売会社に就職し、43歳で独立するまでを語ります。

第2章では、創業から数年の厳しい状況からの脱却、そして走行距離の少ない中古の軽自動車の販売から充実した長期間のアフターサービスというビジネスモデルへと舵を切り、現在のワンストップサービス体制を築いた経緯について書いています。

第3章では、なぜ軽自動車に乗り換えることで北海道が元気になるのかを、詳細に記しています。クルマを軽自動車にするとどのくらい得なのか、なぜ北海道の教育水準を高められるのか、自然環境を守れるのかなど、クレタが大事にしてきたことをお伝えします。

第4章では、個人に販売ノルマを課さないクレタで、社員のモチベーションを高める人事評価制度がどのように生まれたのかについて、クレタの取締役で営業・総務部長の石亀裕晃が語ります。

第5章は、クレタで働く現場のスタッフの声を集めました。営業リーダー、FP資格を持つカーライフアドバイザー、サービスリーダーの3名が登場します。それぞれの現場で働くスタッフの想いを届けてもらいます。

第6章は、クレタの採用について、採用担当リーダーが語ります。大企業の名前が連なるなか、クレタが「大学生就職企業人気ランキング」北海道版で13位（2023年度版）、24位（2024年度版）を獲得した理由はどこにあるのかを明らかにしていきます。

第7章は、クレタが行ってきた社会貢献活動について、再び石亀一昭が語ります。価値あるものと、価値を生み出せるところをつなぐ〝ブリッジ〟としての社会貢献活動とは何かを語ります。

最終章となる第8章では、クレタがこれから目指すことについて、石亀一昭が語ります。2027年に売上高100億円を目指すと公言していることの真意について語ります。

「軽自動車で、北海道を元気に。」という企業理念を実現することで、社員とともに成長できる環境づくりに邁進してきました。

創業から25年を迎えた今(写真)、その歴史を振り返ることで、社員には次なる25年を生き抜いていくための一助としてほしい。そして、ご愛顧いただいている

お客さまや、お取引いただいている業者の皆さまに、クレタという会社をより知っていただきたい。そんな想いで1冊にまとめました。

本書が、働くことの意味を改めて考えるきっかけになれば幸いです。

株式会社クレタ代表取締役社長
石亀一昭

目次

第2章

創業からの試練を乗り越えて

〈語り手〉クレタ代表取締役社長　石亀一昭

第3章

クレタが大事にすること

〈語り手〉クレタ代表取締役社長　石亀一昭

カーライフアドバイザー編

サービス編

第6章

クレタの採用

〈語り手〉クレタ総務人財開発グループ　採用担当リーダー　Tさん

第7章

クレタの社会貢献活動

〈語り手〉クレタ代表取締役社長　石亀一昭

第8章

クレタのこれから、目指していくこと

〈語り手〉クレタ代表取締役社長　石亀一昭

第1章

クレタの創業から現在に至るまで

〈語り手〉
クレタ代表取締役社長
石亀一昭

石亀一昭

クレタ代表取締役社長

九州電機短期大学自動車整備科を卒業後、自動車販売会社に就職。その後、1998（平成10）年に43歳にしてクレタを創業。現在、北海道軽パークを4店舗で展開する

少年時代から大学時代

北海道岩内町で、9人きょうだいの4男として生まれる

私は1956（昭和31）年、北海道西部にある積丹半島の西側にある岩内郡岩内町の漁師の家に生まれました。9人きょうだい（8男1女）の4男という家庭ではありましたが、目の前に広がる豊かな海に加え、20町歩（約20ha）の原野を含む畑や田んぼがあり、食べることや住むところに苦労することはありませんでした。

私は海で泳ぎ、野に出れば木の実やキノコを採るなど、西積丹の豊かな自然のなかで成長しました。時には家で使う薪にするために木材を切り出しに行くなど、当たり前のように家の手伝いをし、中学・高校になると兄たちの見よう見まねで、漁や野良仕事の手伝いをするようになっていきました。

そんな環境のなかで育った私は、「自分でお金を稼ぐ」という感覚が自然と芽生えてい

きます。例えば、田んぼで出る藁。家畜を飼っていたころの食餌として藁をあげていましたが、当時はもう家畜がおらず、藁は堆肥にするくらいしか使い道がありませんでした。「使わないのはもったいない」と考えた私は、町の畳屋に藁を持って行って、売っていました。いくらだったかは覚えていませんが、タダだったものが工夫次第でお金になるという経験をしたことを覚えています。

実入りが良かったアルバイトが、スケソウダラの箱を運ぶ仕事です。夕方5〜6時に港に戻ってくる漁船が陸揚げしたスケソウダラからタラコを取り出した後の身を入れた箱を運ぶアルバイトでした。夕方から朝方までと、長時間にわたるなかなかハードな仕事でしたが、1日1万円と高校生の私には破格のお金を稼げたものです。

そうやってアルバイトで稼いだお金をどうしたのかといえば、自分が進学するための資金として貯金していました。高校を卒業したら大学へ進学しよう。それも、北海道にある大学ではなく、北九州にある自動車整備に特化した短期大学へ入学しようと考えていたのです。

北海道から、北九州の自動車整備の短大へ進学

「なぜ、北海道からわざわざ北九州に？」

だれもがそう思うに違いありません。北九州に親戚や知り合いがいるわけではありません。自動車整備を勉強したいならば、学校は北海道にもあるのだし、なぜ北九州に行かなければいけないのか？

普通ならばそう考えるはずです。しかし、私のなかでは北九州にある自動車整備の短期大学に行かなければいけない理由がありました。

それが、子どものころから憧れていた「海外へ行きたい」という想いでした。

私は小学3年生のころから、北海道新聞を読むことを日課にしていました。北海道の田舎にいながら、世の中がどのようになっているのか、世界がどう動いているのか……。紙面に日々目を通すことで、その変化を刻々と感じていました。私にとって新聞は、世界への扉だったのです。

当時、日曜日の朝に『兼高かおる世界の旅』（1959〜1990年、TBS系列局）というテレビ番組が放映されていました。サングラスをかけ、日本人離れしたスタイルの兼高さんが、世界の各地を旅して、その土地の文化や風俗を伝える紀行番組でした。私は見たことのない景色や、兼高さんがそこに住む人々と交流する姿を見て、海外に行ってみたいという想いを強くしていたのです。

1973（昭和48）年、第4次中東戦争を機に起きた第1次オイルショックの時、ちょうど高校生だった私が進路について考えていたころ、新聞に大きく掲載されていたある写真に目が留まります。アフリカだったか、ブラジルだったか覚えていませんが、美しく、大きな港に吸い込まれるように入っていく巨大タンカーの写真でした。そのタンカーには、日本の港で積み込まれたクルマのカラフルなボディがまるでモザイク模様のようにビッシリと並んでいました。

その写真を見た時、「クルマにかかわる仕事に就ければ、海外に行くことができるかもしれない」と思いつきました。自動車整備の技術を身につければ、世界中を旅行しながら、技術で世界を渡り歩くことができるのではないかという考えが生まれた瞬間でした。

当時、ガソリンスタンドは日曜に休む時代で、「燃料がないので動けない」ことがありました。資源がない日本では、エネルギーは海外からの輸入が頼り。エネルギーの安定供給は喫緊の大きな課題でした。

あらゆるエネルギーが足りない。そのようななかで自動車の整備を学ぶならば、ガソリンエンジン車だけではなく、ディーゼルエンジン車や電気のことも学ばなければいけないと考えました。また、それらのことを学んで海外に行けば、ほかの人と違うものを見せられるかもしれない……。

調べてみると、当時ディーゼルエンジンや電気を学べる大学は、九州電機短期大学自動車整備科しかないことが判明します。そこで、私は北海道を離れて北九州に行く決心をしたのです。

北九州の短期大学への進学資金は、藁を売ったお金やスケソウダラを運ぶアルバイト、そして新聞配達で貯めたお金を使いました。学費は新聞奨学金制度も利用し、親には金銭的な負担をかけることはありませんでした。

北海道から来ている学生は、私だけでした。整備の技術を徹底的に学ぼうと一生懸命に勉強しました。九州に家があり近いからと通っている地元の学生たちとは、学ぼうという意欲がまったく違いました。それはそうでしょう。私は、北九州にある自動車整備工場でアルバイトをしながら、ここでも自動車整備の技術を習得していきました。

私は18歳でしたが、同じように必死になって勉強していた同期の仲間は、入学当時33歳でした。彼とは今でも季節の挨拶をかわす仲で、当時の思い出話をすることもあります。

短期大学での2年間は、アルバイトに明け暮れながらも、成績上位で卒業することができました。同時にガソリン、ディーゼルエンジンの2級自動車整備士の資格を取得。

入学以前から、就職したら北海道に戻ることを決めていた私は、晴れて北海道の自動車販売会社に入社するため、北九州を後にしたのです。

自動車販売会社勤務時

技術をイチ早く磨くため転勤を繰り返す

専門学校を卒業した私は、自動車メーカーの販売会社に入社しました。当時「技術は一番」と言われていた会社です。クルマで培った技術をもとに、宇宙産業にまで展開しようという勢いのある会社でした。その技術を体感させてくれるつくりこみにも、ワクワクさせるものがありました。

例えば、当時より名器と呼ばれるエンジンの数々、独自開発した独立懸架(けんか)方式のサスペンションやディーゼルエンジン、さらに運転席に座ってハンドルを握った瞬間にカラダにフィットするシートなど、その会社が生み出すクルマが技術屋として好きでした。

そんな理由もあり、短期大学卒業後は2級自動車整備士として、その自動車メーカーの北海道の販売会社に入社します。

配属されたのは、本社のある札幌でした。通常であれば、本社勤務を喜ぶ人は多いと思いますが、私の場合は違いました。言うまでもなく札幌は人口が多く、販売のみならず整備や車検に訪れるお客さまも多いものです。となれば、ディーラーでかかえる整備士の数も多いのは当たり前です。つまり、先輩にあたる整備士がたくさんいることで、新人整備士には掃除をしたり、オイル交換をしたりする程度の仕事しか回ってきません。

初志貫徹しようと思っていた私は、早く技術を磨いて海外を渡り歩きたいと考えていました。札幌にいる限り、技術を磨く機会はなかなか与えられません。ましてや、自動車検査員といった整備士の上の資格を取得するにしても、時間がかかります。

そこで、私は会社に転勤願いを出します。先輩整備士が少ない地域の販売店に行けば、整備士としての経験を積むことができ、技術を早く磨くことができるのですから。

新たに配属されたのは、札幌から南西に位置する、倶知安町（くっちゃんちょう）でした。着任してみるとすぐに、２級整備士の資格を持っているというだけの理由で、整備主任に昇格します。

嬉しかったのは、整備主任として1年間仕事に励めば、自動車検査員の受験資格が得られること。さらに職業訓練指導員の受講資格が取得できます。

技術を教えられる職業訓練指導員は、公共職業能力開発施設の職業訓練及び認定職業訓練を担当できる資格です。この資格を取得すれば、海外に出ても大きな武器になると考えていました。

このように、札幌勤務ではできないスピーディさで、着々と技術を磨きながら、整備士として数々の資格を手に入れることで、海外へと出る準備を進めていったのです。

ついに念願がかない、青年海外協力隊でマレーシアに赴任

ある日、北海道新聞に「青年海外協力隊募集」という記事が掲載されました。それを見てさっそく調べてみると、勤務先の親会社や、裾野の広い自動車産業の関連企業の労働組合が加盟する自動車総連も、青年海外協力隊への参加を呼びかけていたのです。当時、日本車の海外に向けての輸出量は飛躍的に増加している状況だった背景もあったのでしょう。

海外に行って仕事をすることが念願だった私は、「これだ！」と、一も二もなく応募し

ます。

さっそく上司に話を持ちかけると、「そんな簡単に合格するわけがない」と言われました。一次試験は筆記試験なのですが、試験対策をしようにも過去問題集があるわけではなく、こちらとしては対策の施しようがありません。「そうそう簡単に海外に行ける話があるわけないか……」と考えましたが、これを逃すとチャンスはありません。試験勉強はなにもできませんが、新聞をいつもより入念に読み込むくらいで試験に臨んでみると、なんと一次試験を通過していたのです。

二次試験は面接。子どものころから憧れだった海外に出るため、整備士になったこと。それもガソリン、ディーゼルエンジンの2級自動車整備士の資格を取得したうえで、職業訓練指導員の資格も持っていることを猛烈にアピール。その甲斐もあってか、二次試験も合格することができました。

あとでうかがった話では、ある程度の一般常識と専門知識に加えて、若ければ合格しやすかったという話でした。子どものころからの夢だった海外行きが決まったのは、なによりも嬉しいことでした。

二次試験に合格すると、勤務先の労働組合も本気になって動いてくださり、「会社に在籍しながら参加してきなさい」というお達しをいただくことができました。つまり、「給料はそのまま払うので行ってきてもよい」というお許しを得たわけです。海外に行きながら給料がいただけるのです。今からは想像もできませんが、自動車業界の景気が良かったころの話です。

青年海外協力隊でマレーシアに向かったのは、25歳の時でした（次ページ写真）。クアラルンプールからも離れたイポーという場所との中間に位置するスンガイペラという職業訓練所で自動車整備の専門学校をつくるという話でした。

しかし、行ってみてビックリ。学生はおろか、校舎となる建物さえないような状態だったのです。

当時は、首相だったマハティール氏により、「LOOK EAST POLICY（東方政策）」が提唱されていた時代。急激に進化する日本や韓国の成功にマレーシアも学ぼうというもので、自国の社会経済の発展を目指す構想を提唱していました。

青年海外協力隊時代の編者（右から３番目）

現地で自動車整備を指導

ところが、現地に着いてみるとまったく話が違いました。「前の政権の要請で来てもらったようだけど、もうその政権はないからどうする？」というのです。その時は大いに驚きましたが、青年海外協力隊ではよくあることのようでした。

なにせ派遣を要請されてから、現地に行く人を募集して人選し、派遣先にやってくるまでには相当な時間がかかります。当然、派遣要請時から状況が激変することも多いのは考えられることです。

とはいえ、現地でなにもしないわけにはいきません。街を歩けば、シャフトが抜けたり、タイヤが外れて転がったりしている自動車が、当たり前のように放置されている状況です。自分の知識が活かせる場所がたくさんあることが分かります。ここまで来たら、できることをしよう。

自動車整備の学校づくりはひとりぼっちでしたが、職業訓練には先輩にあたる日本人の大工と女性が一人ずついて、マレーシアにたった一人で放り出されたわけではありませんでした。

そこで、職業訓練の先輩指導員に、「どうすれば専門学校を開校できるでしょうか？」

空手を通じて仲間づくりに成功した編者（最前列中央）

と相談してみると、「予算取りから始めるしかないね」とのこと。さっそく政府への嘆願書を、タイピストに作成してもらって送付しました。

しかし、待てど暮らせど、政府からの返事はやってきません。電話をしてもつながりません。どうしようもなくなり、直接クアラルンプールにあった政府機関に赴くと、「なんで学校をつくりたいの？」と担当者から門前払いをされる始末です。

「自動車整備を教える学校をつくることで、マレーシアを良くしたい」と、たどたどしいマレーシア語で熱意を込めて話しかけるのですが、相手は聞く耳を持ちません。挙げ句の果てに「ちゃんと言葉が分かるようになってから来て！」と、ガチガチのマレーシア語でまくし立てられる。これには、さすがに途方にくれました。

しかし、そこでへこたれるわけにはいきません。とりあえず、仲間をつくることから始めることにしました。私は得意だった空手を教えることで、現地の人とつながりをつくろうと考えました。日々空手を教えて体力づくりをし、時には競技大会をやるなかで、次第に仲間の輪が広がっていったのです（写真）。

整備科でどんなカリキュラムにするか構想を練っていくと、次第に現地の人たちが協力してくれるようになりました。そうしているうちに、政府機関から予算もとれて、学校としての設備が整っていったのです。

次に生徒を集めるために試験問題を作成。どうにか一期生として20人の生徒を集めることができました。カリキュラムは、午前中にエンジンやミッションといった自動車工学的な座学を行い、午後は自動車に触れて学ぶ実地講習を行いました。

一期生を教えるなかで感じたのは、真剣に取り組む姿勢を持つことの大切さです。そこで二期生は、やる気のある生徒を集めることを目的に、腕相撲で私に勝ったら入学できるようにしました。要領は良いけれども素直ではない人物よりも、やる気のある人物に教えるほうが、よほど意味のあることですから。

どれだけやっても時間が足りないマレーシアでの生活でしたが、会社との約束は2年間。延長したいという気持ちもありましたが、青年海外協力隊の任期をこれ以上延長するのは会社に申し訳ないと考え、マレーシアを後にします。

なにもないところから始めたマレーシアの2年間は、自分の可能性を広げてくれた充実した時間でした。なにもやらなければ、なんにもならない。まさにゼロからつくり上げたマレーシアでの日々は、何事にも前向きに取り組む姿勢を築くことの大切さを教えてくれました。

同時に、四季があり、季節が変わり、食べるものが変わっていく、北海道の良さを改めて感じた2年でもありました。

整備から営業へと転属

青年海外協力隊に参加し、マレーシアでの濃密な2年間から帰国して北海道に戻った私は、整備の仕事に復帰しました。配属されたのは、車検整備でした。

当時、勤務先では整備工場の効率を高めようと、1カ所に車両を集める「集中車検」に取り組んでいる時期でした。

現在の労働環境からは考えられないことですが、当時は朝から仕事をして定時に終わることはありませんでした。勤務先だけでなく、どの会社も長時間にわたる肉体労働が当たり前の時代だったのです。

そのなかで、私は若いメカニックをとりまとめる役目を担っていました。隣りのピットには車検以外の整備をする部署が仕事をしているのですが、彼らは1台にたっぷり時間をかけて整備をしています。こちらの車検整備部門では休む時間がないほどにピチピチに仕事を入れられる状況が延々と続いていく。隣り合っている部署だけに、あまりにも労働環境の違うことに不公平感を強く感じたものです。

札幌での車検整備を担当した後、私は小樽に転勤となりました。小樽という土地は、札幌と違い、「○○に見てもらう」「□□が親戚だから、彼からクルマを買う」と、地元スタッフとその血縁者が中心になって構成されていました。そのような場所で、札幌から来た私は居場所がありません。

当時、私は27～28歳。50歳代の工場長や40歳代のフロントに対し、若造がなにかできるはずもありません。そんな体質を変えていくには時間がかかりますし、そこにかかわっている時間はないと判断します。

そこで、営業への転属を希望します。短期大学まで出て、2級自動車整備士の資格を取得。自動車販売会社に入社してからは、自動車検査員、職業訓練指導員と確実に資格を取得し、整備士としての階段を着実にのぼっていました。そんなキャリアを積み重ねていたところで、営業に転属願いを出したことに驚いた人も多くいました。

しかし、自動車販売会社の花形部署は営業です。ここで営業を勉強させてもらうことで、自分の新たな可能性を広げていきたい。そう考えた私は、29歳で新たな分野へ飛び込むことにしました。

当時の自分を振り返ると、私にはその瞬間に置かれている状況をプラスにしたいという気持ちしかありませんでした。逆に営業の経験が、独立後に大きく活かされていくのは言うまでもありません。

29歳の新人営業マンとなった私が自分に課したのは、一日300軒の飛び込み営業でした。名刺が100枚入った箱を毎日3つ持ち、営業を担当した苫小牧にある家や商店、会社などを訪問します。その日にすべて名刺がなくなるまで家々を巡りました。もちろん、集合住宅もあったし、社宅もあったので、やる気になれば一気に回れるところもありました。

当初はなかなか声をかけていただくこともありませんでしたが、次第に「アンタのところで、○○○なクルマある?」という話をいただけるようになってきます。

営業ではありましたが、整備のことを熟知しているからこそ、お客さまにお伝えできることがあります。メカニカルな知識は、私の話に説得力を与えてくれました。クルマだけでなく、マフラーやオイルエレメントといった、アフターパーツやメンテナンス用品まで販売を拡大。カーライフ全般にわたる提案をすることで、次にうかがった時に自動車販売につながるというケースも多く、営業のいろはを学ぶことができました。
29歳から始めた営業は、それから42歳までの13年間続けることになりました。

会社を辞める決心をする

1997（平成9）年、日本国内は未曾有の金融危機に見舞われました。なかでも、北海道民から「たくぎんさん」という愛称で親しまれていた北海道拓殖銀行が経営破綻し、同じく「今井さん」と呼ばれていた百貨店「丸井今井」が経営危機に陥ったというニュースで、北海道中に衝撃が走りました。直後には、大手証券会社の山一證券が自主廃業に追い込まれ、世の中が暗い空気に包まれていました。

不景気は、勤務先にも影響を及ぼしました。

この状況を打破すべく、営業には過大な数字が求められるようになり、社内の空気はギスギスしたものになっていったのです。

クレタ創業時の様子

「仕事が大変なのは仕方ないが、このようなギスギスした空気のなかで仕事を続けるのはどうなのか？」と私は考えるようになっていました。

それだけではありません。ある程度の規模の会社になると、いくら現場で成果を上げても、一定以上の出世ができないことが自分でも理解できるようになります。

例えば、人前で話ができるだけでなく、１００人の前でしっかり伝わる話し方ができるかどうか。組織の上に立つには、現場で成果を上げるのとは別の、それなりの資質が必要だと感じました。

そのうえ、職能制度のような通信教育

を受講し、ガッツリと勉強をして試験をパスしなければ、昇格できない仕組みになっていました。

「こんな状況で、これまで自分がやってきたことをこの先も活かせるのだろうか？」

そんな考えになっていきました。大きな組織の流れに、自分もついていこうという気持ちにどうしてもなれなかったのです。

自分が思い描いていたのは、これからもお客さまとクルマの話をしている自分の姿でした。それに対し、会社の組織を駆けのぼり、高い年収をいただける自分は、想像できなかったのです。

「自分には、現場の仕事が肌に合っている」という想いが強くなっていきました。

考えるよりも先に行動に移しがちな性分ですが、さすがに長年勤めた会社を辞めるには勇気が要りました。

世の中は未曾有の金融危機という状況に加え、当時息子の裕晃（現　株式会社クレタ取締役兼総務・営業部長）はまだ9歳でした。収入が途絶えるようなことがあってはいけません。

会社を辞めて、独立して会社を興すのに、これ以上相応しくないタイミングはありませんでした。

しかし、ここまで考えたら、もう前に進むしかありません。

「自分でやれることを、しっかりやっていこう!」

そう決心した私は妻に、会社を辞めて起業することを伝えます。決めたら梃子(てこ)でも動かない私の性格を知っている妻が、「退職金を使ってもいいからやってください。でも、月30万円を家に入れられなければ、どこかに勤めてください」と言ってくれたことを、今でも鮮明に覚えています。

1997(平成9)年の年末、23年間お世話になった自動車販売会社を退職します。20歳で2級自動車整備士として入社し、2年間青年海外協力隊にも派遣してくれました。29歳からは営業として、お客さまと直接かかわらせていただくなかで、自動車販売のいろはを学ばせてもらいました。

そして、翌年私は独立し、「有限会社クレタ」を創業するのです。

第2章

創業からの試練を乗り越えて

〈語り手〉
クレタ代表取締役社長
石亀一昭

苫小牧の160坪の土地の購入資金に苦しむ

1998（平成10）年2月4日、私はクレタを創業します。

前述の通り、金融危機で世の中が混乱する状況のなかでの船出となりました。かつて北海道のPRで「試される大地」というキャッチフレーズがありましたが、拓銀の破綻の影響で、まさに「試される起業」と呼べるような状況でした。

まず驚いたのが、どこの銀行に融資をお願いしても、貸してくれないことでした。

勤務先を退職する前に、自動車販売をするための土地の話があり、購入しようとした経緯がありました。その時はかつて銀行に勤め、当時は不動産会社に転職した知人のアドバイスを受けてから金融機関に融資のお願いに行きました。

その方によれば、実績がないところに融資をするのは難しいかもしれないが、札幌の自宅（持ち家）を担保にすれば、問題なく融資してくれるだろうということでした。

ところが、蓋を開けてみれば、けんもほろろに断られます。「あなたは世の中を知らない」と融資担当者に3時間くらいお説教された後に、最終的に「貸せない」と言われました。

さすがに3時間ものお説教の後で「貸せない」と言われたことに、私も腹が立ちました。「最初から断るつもりならば、最初に言ってください。ほかの銀行にあたりますから！」と、啖呵（たんか）を切ってその銀行を後にします。しかし、ほかの金融機関に話を持っていっても、どこからも融資できないと断られます。

国内に吹き荒れる金融危機の影響で、どこの金融機関もお金を貸し付けるよりも前に、自分たちを守ることに必死でした。ましてや、これから起業しようという会社にお金を貸し付ける気など毛頭ないという感じでした。

さすがに、これには困りました。自動車販売を始めるにも、クルマを展示し、停めておける土地がなければ、何も始められません。

そこで、最後の頼みの綱として、政府系の金融機関に向かいました。向かった先は、室蘭にある国民金融公庫。経営計画書を出し、車検をするならば何台できるか、オイル交換やタイヤ交換はいくらなのか、そして年間の売上はどのくらいになりそうか……。細かいところまで予測できる数字を書き込み、資料を提出します。結果、担当者に納得していただき、なんとか８４０万円を借りることができました。

しかし、８４０万円ではその土地を購入できません。そこで私が加入していた生命保険を解約しようと生命保険会社に相談すると、「それを担保にお金を借りたらいい」とアドバイスを受け、不足分を調達することができました。

あとから考えれば、生命保険を担保にして借りた分はとんでもなく高い金利ではありましたが、どこも融資をしてくれないなかで貸し付けてもらえたことで、クレタがスタートを切れたことには変わりありません。今となっては、感謝の気持ちしか湧いてきません。

ここまで世知辛い状況が続くと、会社員時代がいかに恵まれていたかを改めて実感。大きな組織にいるからこそ、結果の有無にかかわらず給料がいただけて、福利厚生が受けられます。休日だって保障されているのです。そんな当たり前のことに、今更ながら気づかされました。冗談で言っていた、「試される起業」という言葉が重くのしかかってきたのです。

創業から2年ほどの苫小牧の店舗

資金繰りに苦しみ、いつ倒れてもおかしくない〝一輪車操業〟だった

融資を受けて購入したのは、苫小牧にある160坪の土地でした。雪が積もっている時期に購入したので気づきませんでしたが、その土地は低い土地だったため、相当量の土を運び込み、地面を固める作業から始めました。

整地した土地に一棟のプレハブを建て、晴れて事務所を開設します(写真)。勤めていた会社で営業をしていたころは、一日300軒の飛び込み営業を行いましたが、前職時代の顧客もいたため、とりあえず自動車販売会社としてスタートを切ることができました。

苫小牧は、函館や室蘭、小樽といった港を中心に広がってきた街とは違い、王子製紙や日本製紙、大昭和製紙といった製紙会社や、日本軽金属といった大きな企業のプラントが集まるところ。苫小牧の港を物流の拠点として活用することで、急速に発展してきた場所です。

ご先祖様の土地に孫が家を建てるようなエリアではなく、外部から来た人が集合住宅やマンションなどに住むような場所。そのため、いちげんの営業マンを受け入れやすい土地柄の苫小牧で創業したことは、クレタにとって大きなプラスに働いたのです。

しかし、会社を軌道に乗せるのは簡単なことではありませんでした。当時、もしなにか一つでも問題が起こったとすれば、いつどの方向に倒れてもおかしくない、まさに〝一輪車操業〟状態でした。

例えば、お客さまが新車を購入するとします。注文は自動車ディーラーにするのですが、支払いは翌々月の末までという決まりがありました。つまり、月の初めに注文すれば、支払いは翌月末のほぼ2カ月の猶予があるのです。その2カ月の猶予のなかで、お客さまからお預かりしたお金を、会社の資金繰りに使っていたこともありました。

ほかの入金もあり、支払が滞ることなくおおむね問題なく回っていったのですが、なかにはこんなことがありました。

これまで何度かご購入いただいたお客さまが、新たに５００万円の新車を購入するという話がありました。それまで乗っていたクルマを下取りに出して、足りないお金を現金で支払うというのです。下取り車を２００万円と査定し、残りの３００万円を現金でいただきました。その時も、お預かりした現金３００万円を会社の資金繰りに充てていたのですが、お金をディーラーに入れる前にクルマが納車されてしまいます。すると当然、所有者のところは、ディーラーの名前になります。それに対し、「お金を払ったのに、なぜ自分の名義ではないのか？」と、その方の奥様からクレームが入ったのです。

当時の金融不安から疑心暗鬼の目を向けられるのは仕方ありませんが、これには困りました。名義を変えるには、現金を工面しなければいけません。でも、現金は資金繰りに使ってしまい、手元には残っていません。

銀行に融資をお願いに行きますが貸してくれません。家族や親戚に頭を下げて、なんとかお金を工面して、事なきを得たことがありました。

今から考えれば、会社の懐事情はいたってひどいものでした。なにかがあれば、すぐに倒れる、まさに毎日が一輪車で綱渡りをしているようでした。止まったら倒れてしまうので、こぎ続けるしかありませんでした。いつ転ぶか分からないという危機感と、常に隣り合わせの状態だったのです。

一輪車操業から脱出できたのは、ジムニーに特化したおかげ

〝一輪車操業〟から抜け出せたと実感できるまでには、5年の歳月が必要でした。創業5期目になって、やっと金融機関が融資の相談に乗ってくれるようになりました。

創業してから8カ月は、私1人で切り盛りしてきましたが、その年の10月に前職でずっと先輩にあたるKさん（現・株式会社クレタ　苫小牧店　執行役員）が手伝ってくださるようになりました。サービスだけでなく、納車整備のスペシャリストとして、私が絶大な信頼を置いている人物です。私としては三顧の礼でお迎えしました。

そこから、私とKさんの2人体制で、新車と中古車の販売、整備&車検をフル稼働で行っていきました。新車販売であれば故障は少なく、なにかあってもディーラーに持っていけばよいので問題はありません。ただ、下取り車が問題でした。

下取り車とは、クルマを購入されるお客さまが、それまで乗っていたクルマのことです。いろいろなメーカーのクルマが集まってきます。エンジン(ガソリン、ディーゼル)の種類や排気量、ボディ形状にいたるまで、多種多様です。多種多様であるがゆえに、故障や不具合が起きやすいといった、データがまったくない状態で整備をしなければいけません。それぞれが違っているので作業の手間はかかり、必要なパーツも違うため、その都度取り寄せなければならず、さらに時間もかかってしまう……。いくら整備の達人であるKさんでも、一筋縄ではいきません。下取り車は整備・修理をしてから販売するのですが、なかには調子が悪くなり、また修理に戻るということを繰り返すクルマもありました。

このままKさんと私の2人で、車両販売をしながら、多様な下取り車の整備とアフターメンテナンスに追われ続けるのには限界がありました……。

そこでたどり着いたのが、同じクルマを扱うということでした(図表2)。同じクルマであれば、故障や不具合が起きやすいところを熟知しているため、手間がかかりません。な

図表 2

「同じクルマを扱う」ことで業務を効率化

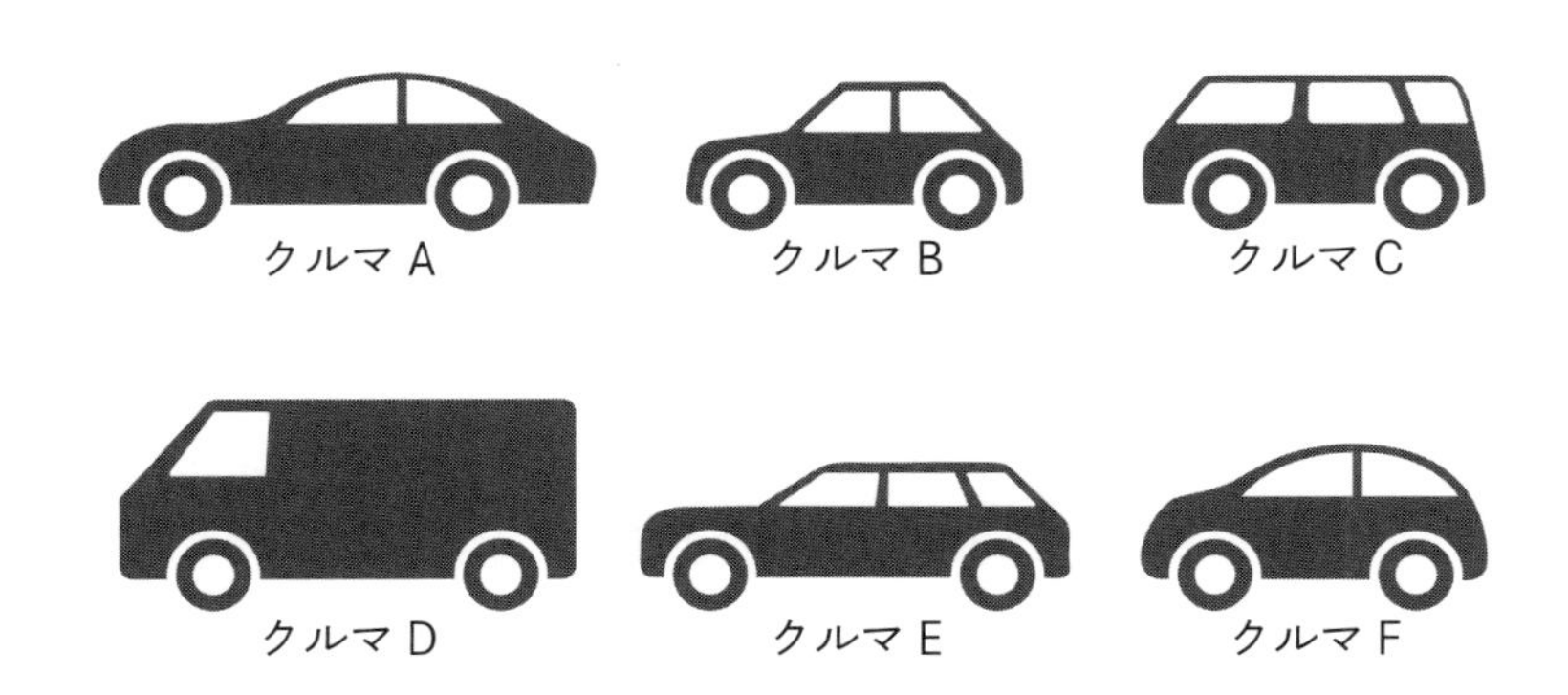

クルマの数だけ作業手順があり、
パーツも必要……

同じクルマであれば、
故障や不具合の起こりやすいパターンも限定的で、
必要な部品を大量に在庫することで効率の良い作業が可能に

により必要な部品も大量に在庫できるので、お待たせする時間もありません。

少ない人数と資金でもやっていくためには、同じクルマを扱ったほうが効率が良いという答えに行き着いたのです。

白羽の矢を立てたのが、スズキ・ジムニーでした。今では納車に1年半待ちはざらにある人気のジムニーですが、当時は山へ狩りに行く猟師や、海や山の悪路を走って楽しむ趣味人が選ぶことが多く、一般の人はなかなか手を出さない四駆車でした。ただ、当時も非日常感を味わえるクルマとして、興味を持たれる方は多かったのです。

クレタでジムニーを扱い始めた当時は、2代目となるJA11型（1990～1995年）が発売されていたころでした。丸目2灯ヘッドライトに角張ったボディ、軽自動車規格の拡大により657cc水冷4サイクル直列3気筒SOHCターボエンジンを搭載したモデルで、先代ジムニーに比べて力強くなり、購入しようという一般の方も増えていました。なかには「山に行くならば2サイクルエンジンがいい」と、あえて初代ジムニー（LJ20型）を探す方もいらっしゃいました。

そこで、北海道にあるジムニーを集結し、ジムニーのことならすべて分かる店にしようと考えました。さっそく店舗で目に付くところにジムニーを展示。「海へ山へジムニーランドクレタへ！」というキャッチコピーをつくり、地元の苫小牧民報社に広告を出稿します。すると、いろいろなところから問い合わせが来るようになり、客層が変わっていきました。

ジムニーに乗っているお客さまは、日常生活では別のクルマを所有しており、海や山に行く時だけ、非日常感が味わえるジムニーを駆るという方が多いのが特徴。多少のトラブルも自分たちで修理をするような、またお金に多少余裕のある方が大半でした。「通勤しようとしたらエンジンがかからない！」といった苦情が来ることはほとんどありませんでした。

支払いも納車前に済ませてくださる方が多く、徐々に会社にキャッシュが残るようになっていったのもこのころ。一輪車操業からやっと脱することができたのです。

現在でも店頭にはジムニーを並べるようにしています。クレタは、ジムニーによって助けてもらってきた気持ちから、常にジムニーを15～20台並べて、在庫を切らさないようにしています。クレタにとっては、守り神のような存在です。

ショールームを建てて、集客力を大きく高める

創業から2～3年が経過し、プレハブだけだった事務所を改築し、10m×10mの屋根付きのショールームを建設しました。それまで商談時にはお客さまのところに出向いていたのですが、ショールームを建てたことでお客さまにご来店いただけるようになりました。

さらに、スズキやダイハツ、三菱、スバルといった自動車ディーラーが展示車両を貸し出してくれるようになったことも収穫でした。ショールームには、自動車メーカー各社の新型軽自動車がズラリと並びました。春や秋の農作業のシーズンには軽トラックもお借りし、10台ほど並べることもありました。

そのうち、「クレタに行けば、それぞれのディーラーに行かずとも、見たいクルマが一気に見られる」と、多くのお客さまがいらっしゃるようになりました。当時、苫小牧周辺にはこのような場所はなく、スタッフが振り向けば「購入したいんだけど」とお声がけいただけるほどの盛況ぶりとなったのです。

おかげさまで、クレタの収益力が一気に高まっていきました。

お金に困っている人でも買える整備中古車

先にもお伝えしたように、下取りで入ってくるクルマは、メーカーやエンジン、ボディタイプなどが多種多様です。仕様や形式が違っているため、作業には手間がかかるうえ、必要なパーツもその都度取り寄せなければならず、労力と時間がかかっていました。でも、同じクルマであれば、壊れる場所も分かりますし、必要なパーツもストックしておけるため、手間と時間がかかりません。

そこで、宅配便やピザのデリバリーといった、配達で使われてきた軽貨物車をオークションで大量に仕入れて、修理・全塗装をして販売することにしました。

20～30台と、同じクルマをまとめて整備することで、故障しやすい場所が分かります。そこを重点的にチェックし、取り揃えておいたパーツを取り替えるなど、スムーズな整備を行えるようになりました。リフトは、メカニック一人につき3機を用意し、作業の効率性を高めました。これには、整備のスペシャリストであるKさんの功績が大きかったのは言うまでもありません。

そうやって仕上げて整備した中古車を、38万〜50万円という低価格に設定。クルマがないと生活ができないが、経済的に新車購入が難しいという方に向けて販売していったのです。

配達で使用した軽貨物車を大量に仕入れて整備するなかで、鈑金・塗装を大量に外注していました。当初は外注業者に道具や設備を支給し、当社の仕事を多く請け負ってもらっていましたが、その後当社の鈑金・塗装部門を担ってもらうことになり、整備が充実し、現在のクレタをつくる礎ともなったのです。

Column

80歳になってもクルマが売れた瞬間の喜びは変わらない

〈語り手〉北海道軽パーク　苫小牧店　執行役員　Kさん

1998（平成10）年、クレタに入社。整備と中古車販売を担当。前職の自動車販売会社では、代表取締役社長 石亀一昭の先輩にあたる

私がクレタに入社したのは、創業した1998（平成10）年10月でした。それまで札幌の自動車販売会社に勤めていました。当時は55歳定年。支店長をやっておりましたが、潔く54歳6カ月で退職しました。これまで忙しすぎたので、1年くらい遊んで暮らそうと思っていたところに、勤務先で後輩だった石亀社長から急に連絡が入ってきたのです。

社長とは前職で出会ったのですが、同じ会社で働いていても拠点が違っていたので、一緒に仕事をしたことはありませんでした。ただ「新しい事業を始めたので、電話番でもいいから来てほしい」というのです。

そこで、顔を出したのが運の尽きでした（笑）。もともと整備が好きだったので、

工場に入って整備をしたり、お客さまにクルマの販売を始めたりしました。

それから25年。80歳になりました。自動車の整備や販売を始めてから、60年が経過したことになります。マグロと同じで、動きを止めたら死んでしまうと言いながら、我ながらよくやってきたなと思います。

苫小牧にあった当時のクレタは、プレハブ一棟だけ。社長と一緒に、できることはなんでもやりました。基本的に私が整備と車検を担当。社長も車検作業を行っていました。毎日、2人で夜の12時近くまで作業していたものです。

私は整備をメイン業務としていました。当初はメーカーやタイプも違うさまざまな車種を扱っていたため、時間と労力がかかっていました。そんな状況を変えようと、ジムニーの販売に注力します。同一車種となることで、整備がグッと楽になったことは言うまでもありません。

その後、宅配便などで使っていた軽貨物車をオークションで大量に購入します。同じクルマばかりですから、設備を整えたこともあり、点検・整備にかける時間と労力が大幅に軽減。求めやすい価格で販売するなど、社長の巧みな経営手腕に感心したものです。

この仕事を60年続けてきましたが、80歳になってもクルマが売れた時の喜びは変わりません。

下取り車が入ってくると、自分で整備します。クルマを手掛けることが好きな私は、自分が乗るための〝足〟として、細かい傷が見えないくらいピカピカに磨き上げます。ホイールやエンジンルーム、車内まで、徹底的にキレイにしていきます。

1週間ほど乗っていると、「Kさんが乗っているクルマを売ってほしい」と、お客さまから必ずお声がけをいただけるんです。人間と同じで、第一印象が大事。安くて見た目が良いんですから、そりゃ売れますよね。

30万円だったクルマが、45万円ほどになるくらいですが、自分が整備して磨き上げた中古車が売れた瞬間が、なによりも嬉しいですね。その度に、この仕事をやってきて良かったなと、一人悦に入っています。

社長は、常に新たなことを考えています。私は、その意向に沿ってやってきたつもりです。時には方針のことでケンカをしたこともありました。頭にきて一緒に乗っていたクルマを下りて歩いて行ったところ、苫小牧は小さな町ですから、社長のところに「Kさんがどこどこに歩いていったよ」と町の人から連絡が入ったりしたようです(笑)。

少しでも良くしたいという社長の想いから言い争いに発展するのですが、よくよく考えると私が悪かったと反省することばかりです。

そんな衝突を繰り返しながらも、今まで続けてこられたのは、社長のそばで仕事するのが楽しいからなのでしょうね。

今後は、クレタが目指している売上高100億円という目標に対し、自分がお手伝いできればいいと思っています。

「走行距離100㎞未満の中古の軽自動車販売と長期のアフターサービス」へのシフト

2008（平成20年）、アメリカの投資銀行リーマン・ブラザーズの破綻により広がった「リーマンショック」。この世界的金融不安の影響により、世界中を巻き込んだ同時不況が起こります。その影響は日本にも大きく影を落とし、日経平均株価がバブル崩壊時よりもさらに安値の水準を記録。その結果、国内で1万5000社もの会社が倒産したと言われました。金融機関では、突然大きな銀行が倒産するかもしれないという不安から、お金を引き出す人が続出。銀行からもお金がなくなり、企業がお金を借りられる資金繰りに大きな問題を起こしていました。

そんな最悪の経済状況のなかではありましたが、クレタの売上高は順調に伸びていました。2008（平成20）年に3億6000万円、2009（平成21）年に4億3000万円、2010（平成22）年には5億6000万円と堅調に推移。生活にクルマが不可欠な北海道で、車両価格が安く、維持コストがかからない軽自動車を中心に販売していたことも、会社として売上高を伸ばせた要因だったと思います。

しかし、これからの時代を生き抜いていくためには、ここで満足していてはいけないと考えていました。私になにかあった時、従業員たちを路頭に迷わせるわけにはいきません。そのためにも、私の次に会社を引っ張る人物を決めておく必要がありました。

当時、息子の裕晃はまだはたち前後。その後、どんな人物に成長するのか、なにをやりたいと考えるかも分からない状態でした。

当時クレタは、普通車の販売もしていましたが、軽自動車の販売が増えている状態でした。ジムニーに始まり、ショールームを建てた際に並べたクルマも各ディーラーから借りた軽自動車でした。所得の低い方に向けて販売した、配達で使ってきた車両をベースにした整備中古車も軽自動車でした。

当時の経済状況を考えれば、「価格の高い普通車ではなく、財布に優しい軽自動車にしておいたほうがよい」という時代的背景もありました。

「軽自動車」を軸に、会社のこれからの成長の柱となるビジネスのカタチをつくり上げる。そう決めたのです。

これまでは「クルマの販売で収益を上げる」ことを考えており、車検や自動車保険、整備などはどこか「クルマの販売に付属するもの」という位置づけでしたが、北海道という雪も多くクルマの傷みも発生しやすい場所で、クルマを安全に運転し続けていただくために、お客さまとしっかり、長く付き合うカタチにしていきたい。「クルマのことはクレタに頼めばすべて済む」ようにする。

そう決めたのです。

私が目を付けたのは、中古車です。中古車は、新車より安い価格で販売できるだけでなく、走行距離が少ないものであれば、新車並に故障やトラブルが少なく、その後のメンテナンスに時間を取られることもありません。

クレタを大きく成長させるためにも、新車に近い、走行距離が１００km未満の中古の軽自動車を柱としたビジネスに転換することを決意しました。

クレタの存在意義を明確にする中古軽自動車というビジネスモデル

そのようなビジネスモデルの転換を決心させたのが、クレタの社員一人ひとりの顔でした。これからの時代を生き抜いていくためには、今の状態で満足していてはいけない。社員とともに会社が成長していくためには、この瞬間が大事と考えました。

もう一つが、クレタが店を構える北海道の現状でした。リーマンショック後、マイナス成長が続く北海道で、道民の生活も苦しい状況が続いていました。

そのなかにあって、北海道での軽自動車の普及率は、47都道府県中、全国45位と低迷。購入価格が安く、燃費が良く、維持費も安い。車検代も安く、支出を減らせる軽自動車の状態の良いものを普及させれば、可処分所得が増え、道民の生活水準を上げることができるはずです。

その可処分所得を子どもへの教育費に回すことで、全国的に高くない大学進学率を高め

図表3

中古の軽自動車でワンストップ体制を構築

これまでのビジネスモデル

クルマの販売

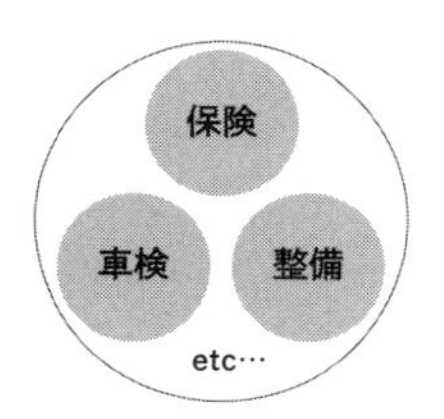

収益の中心
(普通車か軽自動車か、
新車か中古車かは関係ない)

自動車販売の
付属の位置づけ

新体制「クレタ・カーライフ・サポート」

走行距離 100 kmの、新車に近い中古の軽自動車

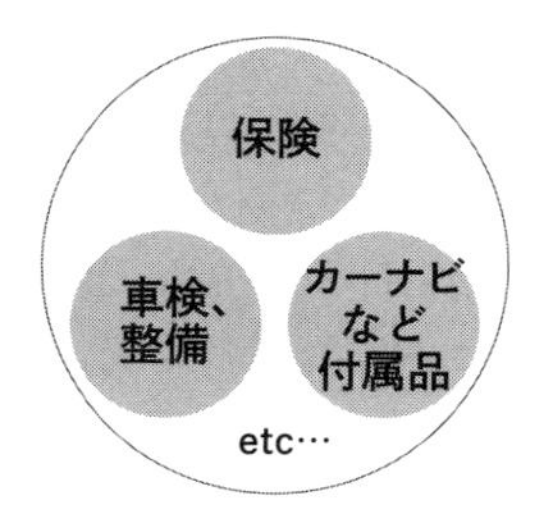

原価か
それ以下の価格で
販売

アフターサービスの充実で、
お客さまに継続的に価値を提供
「クルマのことは
すべてクレタに頼めばいい」となる

ることもできる。燃費が良く、製造過程で二酸化炭素発生量が少ない軽自動車が普及するのは、環境保全にも効果がある。つまり、北海道の自然を守ることにつながるのです。

良いことずくめの軽自動車を北海道で普及させる。その一助として、クレタが中古の軽自動車を扱うことに大きな意味があるはず。なによりクレタという会社の存在意義を明確にするものだと考え、走行距離の少ない中古の軽自動車販売のビジネスモデルへの転換を決定するのです。

走行距離１００㎞未満の中古の軽自動車販売のビジネスモデルは、車両販売価格を低く設定し、それ以外に付随する自動車保険や整備、車検などを含め、トータルで利益が出るような仕組みを構築することでプラスにしていくというものです。

その仕組みをさらに強固にするべく、整備、車検、保険、リセール（下取り車の販売）といった部門を強化。ここで、ＫＣＳ（クレタ・カーライフ・サポート）と呼ぶワンストップ体制をつくり上げたのは、その後のクレタの成長にとって大きな意味があることでした（図表3）。

なかなか結果が出ないなか、ワンストップサービス体制を整える

2010（平成22）年、クレタは走行距離の少ない中古軽自動車の販売をスタートしました。店頭に条件を満たすきれいなクルマをズラリと並べている姿は、なかなか壮観なものでした。

「クルマでは儲けない。クルマを売ったあとで、長期にわたりお客さまと付き合っていくなかで収益を上げていく」と決めたので、クルマの販売価格は大幅に下げました。仕入れ価格や、それよりも安い価格で販売することにしたのです。「良いクルマを安く売っている」と思ってもらい、集客効果を高める狙いもありました。

とはいえ、そのビジネスモデルが軌道に乗るまでには、何度も「もうやめようかな？」「間違いだったかもしれないな」と心のなかでは思ったものです。

クルマを販売した時点では利益が出ていないどころか赤字ですから、赤字がしばらく続

きました。

アフターサービス部門強化のために少なくない投資も行いましたから、収益がだいぶ悪化したのです。

疑問を持ちながらも、これが必ず良い道だと信じて続けていくなかで、徐々に資金や収益の構造に変化が出てきました。

クルマを購入した時ではなく、10年乗っていただいた時に、クレタのＫＣＳの素晴らしさにご納得いただけて、売上、利益はあとからついてきました。

常時1000台オーバーから、欲しいクルマが必ず見つけられる

今では、クレタで在庫する車両の約80％が走行距離１００km未満の中古軽自動車となり、在庫数では道内最大級にまで成長しました。残りの20％は新車や普通車などで、各メーカーからのクルマが集結しています。北海道でこれだけ多くの状態が良い中古軽自動車が一堂に見られる販売店はほかにはないと自負しています。

在庫を掲載する「北海道軽パーク」のホームページ

クレタのホームページでは、欲しいクルマがすぐに見つかる「在庫一覧」を用意しています（2024年4月29日現在、1410台）。検索条件を選べば、自分にマッチした1台が見つけられるようになっているので、チェックしてみてください。

ホームページでは次のように、自分の嗜好にマッチした1台が見つけられるようにしています。

■欲しいクルマが見つかる「在庫一覧」

「メーカー」
「車名」
「価格タイプ（セール価格・通常価格）」
「価格帯」
「ボディタイプ（コンパクト・ワゴン・スライドドア・SUV・バン／軽トラ）」
「ボディカラー」
「トランスミッション（指定無・AT／CVT・MT）」

「駆動（指定無・FF・4WD）」

⬅

■その他のこだわり

「セール車」

「スライドドア」

「衝突軽減ブレーキ」

「女性に人気」

「遊べる軽」

「充実装備ハイグレード」

「サンルーフ付」

第3章

クレタが大事にすること

〈語り手〉
クレタ代表取締役社長
石亀一昭

軽自動車ならば、5年で約100万円得?!

「あなたが仕事をする意味はなんですか？」と問われたら、どう答えるでしょう？

私は、「自分や自分の家族、まわりの人たちを幸せにするため。そして、自分の仕事を通じて、北海道を元気にするため」と答えます。

自分の仕事に胸を張って邁進してほしい。クレタと一緒に成長することで、みんなが元気になってほしい。

「軽自動車で、北海道を元気に。」という企業理念には、そんな想いを込めています。

今や軽自動車は、国内の自動車保有台数の約4割を占めており、毎日の暮らしから仕事まで欠かせない存在になっています（出典：令和6年3月末時点「自動車保有車両数」自動車検査登録情報協会）。

ちなみに配達や仕入れや納品、農作業、仕事の道具の運搬などに使う「商用車」（4ナンバー／1ナンバー）のクルマの約58％が軽自動車という数字もあります（出典：令和6年3月

末時点「自動車保有車両数」自動車検査登録情報協会)。

軽自動車が人気の理由は、購入価格の安さ、燃費の良さ、税金の安さといった、経済面のメリットが大きいです。日本自動車工業会の調べによると、軽自動車の選択理由で「経済性」を挙げた人の理由(軽乗用車系/複数回答)として、「税金が安い」(62%)、「燃費が良い」(47%)、「価格が安い」(37%)などが挙げられています(出典:2021年「軽自動車の使用実態調査報告書」)。

■軽自動車のメリット

・販売価格が安い
・燃費が良い
・税金や車検など維持費が安い
・環境性能が高く、自然環境にも優しい

第3章

図表4

軽自動車は購入、維持の費用を安く抑えられる

※費用の一例です

では、どれだけコストを抑えられ、どのくらい得になるかを、具体的な数字に落とし込んでみます。

例えば、排気量が２０００ccのクルマと、６６０ccの軽自動車を比べてみます。５年間で約１００万円も経費を削減できる計算です（図表４）。年間20万円は節約でき、毎月２万円弱の可処分所得が増えることになります。

にもかかわらず、北海道では軽自動車の普及率が低いという現状があります。

全国軽自動車協会連合会によると、世帯当たりの軽四輪車の普及台数は、１００世帯に54・49台（令和５年12月末現在）に留まっています。

都道府県別に見ると、1位は長野県で1世帯当たり（以下同）1・04台、2位の鳥取県では1・03台、3位の島根県では1・02台と、いずれも1世帯当たり1台以上を保有しています。それに対し、北海道は41位の0・44台。２７６万６５５１世帯のうち、１２１万１５５０台しか軽四輪車を保有していないことになります。

北海道よりも下位では42位が京都府、43位が埼玉県、44位が千葉県、45位が大阪府、46位は神奈川県、47位が東京都と、都市圏が名を連ねています（図表5）。北海道より下位の都府県は電車やバスなど交通網が整えられている都市圏です。つまり、クルマがなければ

図表5

全国的に低い北海道民の軽自動車保有数

2023(令和5)年12月末現在

順位	都道府県	軽自動車保有台数	世帯数	1世帯当たり台数
1	長　野	910,148	873,588	1.04
2	鳥　取	243,636	237,258	1.03
3	島　根	292,878	287,621	1.02
4	佐　賀	344,349	338,706	1.02
5	山　形	415,510	416,553	1.00
41	**北海道**	**1,211,550**	**2,766,551**	**0.44**
42	京　都	525,389	1,203,606	0.44
43	埼　玉	1,431,311	3,385,433	0.42
44	千　葉	1,241,988	2,948,313	0.42
45	大　阪	1,214,950	4,326,629	0.28
46	神奈川	1,048,930	4,419,415	0.24
47	東　京	871,614	7,169,233	0.12

一般社団法人　全国軽自動車協会連合会発表の資料をもとに作成

生活ができない地域において、北海道の軽自動車の普及率は実質最下位という結果になっているのです。

「普通自動車に比べ走る力の弱い軽自動車は、北海道の広くアップダウンもある道には不向き」「事故にあったときの被害が大きい」というイメージがあるのかもしれません。確かにパワーは普通車に比べて劣りますが、軽自動車も北海道の道を問題なく走れます。軽自動車だから事故時の損傷が大きくなるわけではありません。

むしろ「軽自動車は事故を起こしにくい」と考えています。大きな車に比べ、軽自動車はドライバーにスピード感が伝わりやすいので「ついつい飛ばしすぎてしまう」を抑えることができるからです。それまで大きい車に乗っていて、事故も多かった人が、軽自動車に乗り換えたことで事故を起こさなくなったなどの例もあります。

年間約20万円のコストを削減できる軽自動車。その普及率が実質全国最下位の北海道の人たちは、軽自動車に乗らないというだけで、年間約20万円余計な出費をしているようなもの。つまり、軽自動車に乗り換えるだけで、年間20万円の可処分所得を高められるというわけです。

覚悟を持って「クルマを売らない」

軽自動車を普及させ、北海道の人たちの可処分所得を増やす。クレタが大切にしているのは軽自動車の「普及」だけではありません。お客さまに一度購入いただいた軽自動車は、できるだけ長く使い続けていただきたいと考えています。

クルマを新しいものに買い替えるのは、多くの費用がかかります。クレタでは修理やメンテナンスなどで、お客さまができるだけクルマを買い替えずに済むためのサービスを提供しています。

冬の降雪量が多い北海道では、融雪剤の影響などで車体にさびや劣化が発生しやすくなり、その予防が必要となります。

そのための塗装剤の塗布を、車体の下のシャシーという手が届きにくいところにも、整備工場では車体を持ち上げて細かく行っています（写真）。

そこまでの細かいメンテナンスは、メーカーやほかの自動車販売店では行っていないこ

シャシーへの塗装剤塗布の様子

とが多いものです。

また、もしシャシーに不具合が生じたならば、メーカーやほかの販売店は買い替えを勧めることが多いでしょう。

クレタでは「修理すればまだ乗れますから、買い替えはまだしなくていいです」とお伝えしています。

買い替えずに修理で済めば、新たな費用はかからず、クルマを維持する費用が安く抑えられます。

可処分所得を増やしてもらうために、すぐにはクルマを売らない。それを、覚悟を持って行っているのです。

全国的に高くない北海道の教育水準を上げる

では、軽自動車を普及させ、北海道の人たちの可処分所得を増やすことで、どんなことができるのか？　その一つが、北海道の教育水準を上げることです。私自身、北海道で生まれ育ち、会社を経営するなかで感じてきたことが、教育の重要性です。

25年間、クレタを続けてきたなかには、入社してもすぐ辞めてしまう人がいます。目的があって辞めるならばよいのです。しかし、かつては急に来なくなったり、お客さまにご迷惑をかけたり、お金を借りたままいなくなったり……と、正直これまでいろいろな社員がいました。

なぜ、こんなことになるのか？　私のなかで、答えが出ずに戸惑ったことも多々あります。


最近では、クレタでこんなことがありました。

札幌周辺で大雪暴風警報が出ていた翌日のこと。販売店までの道路状況が悪く、電車が止まるかもしれないような状況です。まず考えるのは、出勤時間に遅れないようにすることと。交通渋滞や電車の遅延などを考えて、早めに出勤するのは当然です。

それと同時に考えなければいけないことはなんだと思いますか？　クレタはお客さまがいらっしゃる販売店です。店の前に雪が積もっていたら、クルマがスリップして事故を起こすかもしれませんし、歩かれている方であれば転んで怪我をすることも考えられます。雪に埋もれてしまった展示車から雪を下ろすことも大切です。除雪して融雪剤を撒(ま)くのは、10分やそこらでできるものではありません。

それを予測した従業員は、始業より早い時間に出社して、せっせと除雪作業を行います。一方、始業時間ギリギリに来る従業員がいます。その日の除雪について、会社からは一切指示を出すことはありません。早く出社するかどうかは、それぞれが自分の判断で動いています。

「早く来て汗だくで働いているから偉い!」「ギリギリに来たからダメ!」と言っているのではありません。

仕事への想いが変わらないとしたら、早く来る人と、出社時間ギリギリに来る人の違いはどこで生じるのでしょうか?

私なりに考えて行き着いたのが、〝想像力〟という言葉です。

「お店の前に雪が積もっていたら、お店に入りづらいし、スリップによる事故や怪我につながるかもしれない。だから、開店する前にしっかり除雪しておかないと……」

このように想像したからこそ、早く出社する人がいるのです。

でも、想像するだけではなににもなりません。「こうなるかもしれない」というのが〝想像〟とすれば、「こうなるかもしれないから、そのためにこうしておこう」と発展して考えられるかどうか。それが私の考える〝想像力〟です。

想像力があれば、将来に起こることを予想して、事前に具体的な対策を講じることができます。その想像力からつながる具体的な行動や言動が、周囲や社会に影響を与えていくのです。

そこまで考えて行動できる〝想像力〟のある人たちが集まれば、これに勝るものはありません。

では、〝想像力〟はどのようにすれば身につけられるのでしょうか?

想像力を養うには知識が必要です。その知識の源となるのが、〝教育〟であると考えています。

図表6

全国的に低い北海道民の大学等進学率

2021（令和3）年

順位	都道府県	進学率（%）
1	東京都	71.4
2	京都府	71.3
3	大阪府	66.5
4	神奈川県	65.9
4	兵庫県	65.9
33	**北海道**	**50.2**
33	新潟県	50.2
35	山形県	49.4
36	島根県	49.1

総務省「統計でみる都道府県のすがた2024」をもとに作成

北海道の経済は長く停滞しています。その一人当たりの県民所得は全国31位の268万2000円（出典：県民経済白書 内閣府 2020年度）ながら、完全失業率は全国6位の4・2％（出典：総務省による統計ダッシュボード 2020年度）、生活保護受給率は全国2位の2・20％（資料：厚生労働省「被保護者調査」2024年度4月時点）と順位を落としています。

その影響から子どもにかける教育費は、14・07％で全国46位（出典：総務省「統計でみる都道府県のすがた2024」）と低迷。指標値（17・08％）以下です。それを表すように、大学等進学率は全国33位の50・2％という、惨憺（さんたん）たる結果になっています（図表6）。

前述の通り、排気量2000ccの普通車を自動車に乗り換えたとすれば、5年間で約100万円、年間約20万円のコストを抑えられます。月々にすれば、2万円弱の可処分所得が得られるという計算になります。

公立小学校であれば、月で約2万9380円の教育費がかかると言われていますが、軽自動車に乗り換えることで発生する可処分所得（月約2万円弱）を、子どもの教育資金に回していく。全額を賄うことはできませんが、大きな足しになるのは間違いありません。

■教育資金はどのくらい必要なのか？

文部科学省によると、公立小学校で年35万2566円、私立小学校で年166万6949円、公立中学校で年53万8799円、私立中学校で年143万6353円、公立高等学校（全日制）で年51万2971円、私立高等学校（全日制）で年105万4444円の学習総額費が必要という結果が出ています（出典：文部科学省　令和3年度「子供の学習費調査」　※学校教育費、学校給食費、学校外活動費の合算）。

教育にお金をかけたら、すぐに知識が増えて、想像力が得られるかと言えば、そんな簡単なことではないでしょう。ただ、一事が万事です。軽自動車に乗ることで増えた可処分所得を、子どもの教育資金に充てる。そこで得た知識を源泉として子どもの想像力が養われていく。そんな流れを整える一助を、軽自動車を販売するクレタが担っていけたらと思っています。

想像力のお手本になるのは親

クルマは、マイホームの次にコストのかかる高額商品です。クルマの選び方や乗り方、使い方には、その人らしさが表れてきます。言い換えれば、クルマを見れば、その人の考え方や教養、さらには私がお伝えしてきた〝想像力〟が見えてくるのです。

かつて、私が飛び込み営業で多くのお宅にうかがっていたころの話です。公団住宅に、小学校低学年を筆頭にお子さん３人がいる20代のファミリーが住んでいました。その若いお父さんが所有していたのが、車両本体価格が当時で６００万円もする高級車でした。

収入があるならば、もちろんなんの問題もありません。いくらでも好きなクルマに乗っていただいて結構です。しかし、お宅はどう見ても生活するだけで精一杯な状況にしか見えません。これから大きくなっていくお子さんを育てていくのにお金がかかるはず。にもかかわらず、自分が乗りたい高級車を購入すれば、生活がさらに厳しくなるのは想像に難くありません。

第３章

最悪のシナリオはこうです。高級車を頭金なしのローンで購入。当たり前のことですが、毎月の支払いに追い立てられ、そのうちに支払いが滞るようになる。仕方なく、その高級車を買い取り専門店に持っていき、購入金額にははるかに及ばない安い価格で手放すことになる。しかし、そのお金もすぐに底がついて滞納してしまい、結局自己破産に追い込まれる……。

このような家庭環境で育った子どもは、親と同じように、目先の楽しいこと、欲しいものを手に入れるようになるケースが多いと感じています。その子どももまた親と同じ……となれば、まさに〝負のスパイラル〟に陥ってしまいます。

原因は〝親〟にあると、私は考えます。子どもは親を見て育ちます。お金の使い方はもちろん、考え方や具体的な行動など、親の振る舞いを見て学ぶものです。

まずは親がお手本を見せる。人生設計を立て、そこに向かっていくためにどうするかを見せていく。それには安定した収入が不可欠です。収入を得るためには、どんな仕事をしていくのかも大切です。それも単に働くのではなく、「なぜ、自分は働いているのか」「何のために働いているのか」を明確にすることで、仕事に対する意味合いも大きく変わっていくと思います。

お手本は、親です。親が、将来を見据えて、どのような考えをもとに行動に落とし込んでいるのか？　親の考えや行動を、子どもは見て育ち、想像力を養っていくのです。子を持つ親であるならば、そのことをもっと自覚していただきたいと思います。

奨学金を抱える方にお勧めしたい中古の軽自動車

クレタでは、２０１０（平成22）年より、大学新卒の採用をスタートしました。前年の２００９（平成21）年に、資本金を１５００万円に増資。株式会社クレタへと商号を変更し、翌年から走行距離１００km未満の中古の軽自動車専門店を開始します。

これまでなかなかできなかった新卒採用をすることで、会社としてさらなる飛躍を期したいという想いがありました。

採用にあたり、学生と面談するなかで気づいたのが、大学の授業料を奨学金で賄っていた人が多いことです。

調べてみると、学費の高騰と不景気による家計収入の減少により、奨学金を利用する人が、大学学部生（昼間）の49・6％でした。大学生のおおよそ半数が奨学金被貸与者となっている状況だというのです（出典：日本学生支援機構「令和2年度 学生生活調査結果」）。

その7割が貸与型と言われるもの。返済不要なものもありますが、ほとんどの奨学金は大学を卒業した年から返済がスタートします。

有利子の奨学金だった場合、学生時代に使った金額以上を返済しなければいけません。奨学金を抱えて社会に出てくる社員たちは、「就職して、さあやるぞ！」と夢を持っていても、少ない給料のなかから奨学金を返済しなければいけません。生活に余裕がなく、結婚に踏み切れないという人も多いでしょう。結婚して子どもが生まれることもあるはずです。そんななかでクルマを購入したとすれば、さらに家計を圧迫することは目に見えています。

限られたお金を最大限、夢や目標の実現のために使っていただきたい。そのためにも、価格が安く、維持費が安く抑えられる軽自動車、それもコストを抑えられる中古の軽自動車に乗り換えることで、少しでも生活をプラスにしていただきたいと考えています。

軽自動車で北海道の自然環境を守りたい

40年ほど前、私が新婚旅行で向かったのが、スイスのツェルマットです。4000m級の山々が連なるなか、神秘的で凛々しい名峰マッターホルンの麓、標高1620mのところにあるツェルマットは、当時も今もアルプスで最も美しい村と言われています。

500年以上前に建てられたという古民家は、地元で採れた鉄平石と、茶色に焦げたカラマツで建てられており、夏場の山々の緑と相まって、なんとも美しい光景が広がっていました。

その当時から、ツェルマット内の移動には電気自動車が使われていました。現在ならまだしも、40年も前から環境に配慮し、ガソリンエンジン車の乗り入れを禁止し、エンジン音のない電気自動車が村内を走っていたのです。観光業がツェルマットの主な産業です。

産業の根幹である自然環境を守るため、山や空気を汚さない！　という姿勢が伝わってきました。

翻って、北海道はどうでしょう？　北海道と言えば、日本の国土の約20%を占める広大な大地。太平洋、日本海、オホーツク海に囲まれた雄大な自然を誇り、世界自然遺産の知床や、富良野のラベンダー畑、ラムサール条約登録の釧路湿原、流氷やダイヤモンドダストなど、ダイナミックで幻想的な景観が備わっています。

そんな大自然からいただける、海の幸、山の幸も実に豊富。ジャガイモ、シャケ、タマネギ、てんさい、昆布、ホタテ貝、カニなど、1年を通じてさまざまな特産物に恵まれています。

北海道は日本の食糧基地でもあり、農業や畜産、木材、漁業といった第一次産業にしても、自然を生業にしている土地なのです。

私たちは、そんな北海道からの恩恵を受けているのだから、自然に対する感謝の心を持つべきではないか？　もっと北海道の自然環境を大事にするべきじゃないのか？　ツェルマットを訪れた時、そのことを強く感じました。

ずっと同じ場所にいたら分からないということもあるでしょう。学校や仕事に行っているだけでは気づかないかもしれません。山で木を切ったり、海で魚を捕ったりしているわけではないのですから。

それは人との付き合い方に似ているかもしれません。いつも一緒にいるとそのありがたみが分からなくなってきませんか？「いつもいてくれてありがとう」という、感謝の気持ちがあるかどうかで、付き合い方が違ってきます。人間関係がギクシャクするのは簡単です。感謝の気持ちがあれば、良い関係を続けていけるのです。

生まれ育ち、仕事をさせていただいている北海道を守りたい。自然は北海道の生業の原点です。そんな北海道の恵みに対して、感謝の気持ちをカタチにしたい。

そんな想いから、私たちは低排出ガスでエコな軽自動車を広げることで、北海道の自然環境を守っていきたいと考えています。

軽自動車は本当に環境に優しいのか？

温室効果ガスの約90％を占めていると言われるCO_2（二酸化炭素）。クルマの発明以来、化石燃料が大量に消費され、自然が吸収できる量を超えたCO_2が排出され、海面水位の上昇や、動植物の生息域の変化、気候変動や自然災害の増加、農林水産業への悪影響といった問題が顕在化しています。

そんな状況に対し、CO_2や温室効果ガスを抑え、環境に優しいクルマが求められています。

今、エコカーと呼ばれるのは、温室効果ガスの排出量を大幅に抑えたクルマ。CO_2やNOx（窒素酸化物）をほとんど排出しない、エコロジー（環境）とエコノミー（節約）という両方の性質を持ったクルマのことを指しています。

具体的には、電気自動車（EV）、ハイブリッド自動車（HV）、プラグイン・ハイブリッド自動車（PHV）、クリーンディーゼル自動車（CDV）、燃料電池自動車（FCV）、天然ガス自動車（NGV）という6つのカテゴリーがエコカーと呼ばれています。

そのなかにあって、ガソリンエンジン搭載の軽自動車は、化石燃料を使い、CO_2を排出しますが、普通・小型乗用車の約58％の重量で（出典：国土交通省「自動車燃費一覧」令和4年3月）、車体も小さく軽いため、排気量が少なく、省資源・環境に優しいという特長があります。

なかでも、燃費性能の高い軽自動車のことを、「第3のエコカー」と呼んでいます。「第1のエコカー」はハイブリッド自動車（HV）、「第2のエコカー」は電気自動車（EV）、それに次ぐ自動車として、低燃費のガソリン車が「第3のエコカー」とされています。

軽自動車のなかで「第3のエコカー」とされているのは、従来に比べ軽量化したボディに、少ないガソリンで低燃費走行できる仕組みを持ち、リッターあたり30km前後走るクルマのことです。

軽自動車の「第3のエコカー」のメリットは、車両本体価格が安く、充電の必要がないこと。さらにガソリン車でありながらエコカー減税が適用されているのもポイントです。

現在、ガソリンエンジン車のほか、軽自動車にはハイブリッド自動車（HV）や、電気自動車（EV）も用意されています。環境意識の高まるなか、第1&第2のエコカーも増えていくはずです。

すべての軽自動車にあてはまるわけではありませんが、普通・小型乗用車の約58％の重量で、車体が小さい軽自動車は、省資源で環境に優しいという意味で共通しています。

前述の通り、北海道では軽自動車の普及率が国内でも最低レベルです。普通車を軽自動車に乗り替えることで、北海道の自然環境を保全できると確信しています。

クレタの社員一人ひとりが、北海道の自然環境の保全に貢献するという意識を持ち、軽自動車の販売・普及に注力しているのです。

視察ツアー「Teach for America」から生まれた企業理念

2016(平成28)年、私は海外企業視察ツアーに参加しました。「Teach for America」というアメリカの教育NPOが、アメリカの一流大卒業生を2年間各地の教育困難地域にある学校に常勤講師として赴任させるプログラムの視察をするというものでした。

「学級崩壊している学校をどう立て直すのか」という課題に対し、学生がどのような策を考え、解決していったのかを視察してきました。なかでもハーバード大学のようなエリート校の卒業生が、素行の悪い学生がいる現場で、しっかりと受け入れられて成果を出している姿に感銘を受けました。

このツアーでも改めて痛感したのが、教育の大切さです。高度な教育を受けた超エリート大学の学生が、不可能と思えることも可能にしたのです。

単純に目の前の業務をこなすことが仕事ではなく、意義を持って取り組むことの重要性と、仕事をすることの意味を考えるようにもなりました。仕事を通じて「何ができるの

12. スキルアップ

安心・安全なカーライフサポートを提供し続けるため、
スキルアップに努めます。

13. 上昇志向（昨日よりも今日、今日より明日）

成長に負荷はつきものであると理解し、困難を乗り越えられる力を
つけるべく、勉強・訓練をし続けます。

14. チャレンジ

常に現状を疑い、考え、また新たな価値観の創造に努めます。

15. 次世代へのバトン

自分の今の努力、忍耐、挑戦が
将来へとつながっていくことを理解し、成長し続けます。

16. 夢

自分の夢、仲間の夢、地域の夢を認め、達成の為に努力・協力します。

17. 主体性

自ら課題を見つけ、周囲を巻き込んで解決できる
チームプレーのできる社員を育てます。

18. チームワーク

社員同士が知恵を出し合い、お客さまの満足・喜ぶ姿の実現のために
考え、お客さまの喜びを会社全体で喜べる組織を目指します。

19. 成長を助ける組織

1…3…5…10…20 年後も、働き続ける姿が見えるような職場をつくるため、
社長や幹部は、個々の社員のキャリアステップを描き、
夢・目標をバックアップできる組織を作り上げます。

20. コンプライアンスの遵守

社会との約束を守り、公平・公正な活動を行います。

21. 地域社会への貢献

地域社会の教育水準のレベルアップ実現のため、低燃費・低コストの
軽自動車のメリットを説明し、お客さまに安定して販売をし続けます。

22. 環境保護

軽自動車の販売は環境保護につながることを
社員一人ひとりが意識をし、北海道の自然環境を守ります。

図表7

クレタ22の行動指針

1. お客さま指向
お客さまの目線に立ち、素直にお客さまの話を聞き、
お客さまの利益を最優先します。

2. 居心地の良い立ち居・振舞い
清潔な服装・正しいマナーを身につけ、
お客さまが居心地の良さを感じる接客・提案を致します。

3. 元気な挨拶
出会う人すべてに笑顔で挨拶し、元気を与えます。

4. 感　動
お客さまの感動が私たちの喜びであり、使命です。

5. 感　謝
常に感謝の気持ちを忘れず、言葉に表します。

6. 傾　聴
人の言葉、人の心、ものの心、社会の心、自然の心、
全ての心に耳を傾け、気づき、最適なサービスを提供致します。

7. 約束を守る
お客さま・仲間・地域との約束を守り、信頼を作り上げます。

8. 率先垂範
あるべき姿を頭に描き、模範となる行動をします。

9. 整理・整頓
身の回りの整理・整頓を心がけ、職場の安全を守り、
効率的な業務の推進を行います。

10. 公平公正
平等ではなく、公平・公正な接し方を追求します。

11. 個性の尊重
社員同士の個性を尊重し、相手の思いやる気持ちを大切にします。

か」「だれが喜ぶのか」、そして「だれのためになるのか」を明確にしたうえで、仕事に取り組むことの大切さを学びました。

翻って、北海道の教育レベルを上げるためにできることは、まだまだたくさんあるのではないか。自分たちがそのお手伝いをできるのではないか。そんな想いを強くしたのです。

そのような想いは強まっていきましたが、私は元来、想いを言葉にして伝えるのがあまり得意ではありません。

しかし、これからの会社を考えて、私以外の人の力も借りて、私が考えていること、創業から今までのことを整理し、企業理念として明文化してはどうかと考えました。

それを行ったのは東京都内のホテルでした。当時まだ自動車メーカーに勤務していた息子の裕晃も参加し、2日間にわたり泊まり込んでじっくり話し合い、考え、これまで私が考えてきたこと、大事にしてきたことをカタチにすることができました。

そうやって完成したのが、「軽自動車で、北海道を元気に。」という企業理念であり、22の行動指針を明記したクレドです（図表7）。

クレドは、今も毎日朝礼の際、社員で読み上げています。22の行動指針すべてを読み上げるのではなく、毎日1つの行動指針に着目。それぞれが自分自身の行いを振り返り、毎日新たな気持ちでお客さまや、北海道の皆さまのために行動するべく、日々新たな気持ちで仕事に取り組んでいるのです。

軽自動車の歴史を紐解く

軽自動車とはどんなモノなのか？　まずは、歴史を紐解いてみましょう。「軽自動車」という規格が登場するのは、１９４９（昭和24）年のこと。それまでの「小型自動車」が、「小型自動車」と「軽自動車」に分割されたのが始まりです。終戦後の法改正により生まれた軽自動車が、実際に生産され街を走るようになるのは、さらに十数年後となります。

軽自動車規格が始まったころは、二輪・三輪・四輪の区別はなく、全長２・８ｍ以下、全幅１ｍ以下、全高２ｍ以下、エンジンは４サイクルが１５０cc以下、２サイクルは１００cc以下、低下出力１・２kw以下という規定がありました。

この規格サイズでは、四輪車として仕上げるのは難しい。そこで主役となったのが、安価なトラックとしての三輪トラックでした。初となる三輪トラックが、「マツダ号」です。その登場は１９３１（昭和６）年です。

軽四輪自動車が登場したのは、1955（昭和30）年。もともと織機メーカーだったスズキが参入し、スズライトが初となる軽四輪自動車でした。1958（昭和33）年に登場したのが、今では名車と呼ばれている「スバル360」です。1967（昭和42）年にはホンダから「N360」が発売されます。

1975（昭和50）年には、排気量が360ccから550ccに拡大され、全長も3・2m以下、全幅1・4m以下と拡大。1989（昭和64／平成元）年には排気量が660cc以下、全長3・3m以下に拡大されます。

1996（平成8）年には衝突安全性を高めるため、全長を3・4m以下、全幅1・48m以下という、現在の規格となっています。

第4章

クレタで働くということ

〈語り手〉
クレタ取締役兼営業・総務部長
石亀裕晃

石亀裕晃
クレタ取締役兼営業・総務部長
クレタの創業者・代表取締役社長の石亀一昭の子であり、クレタの執行役員、営業・総務部長を兼任。クレタ独自の人事評価制度を構築する中心人物。採用にも深くかかわっている

一人ひとりが課題を発見し、解決できる組織を目指す

クレタで営業・総務部長を担当している、石亀裕晃です。営業の実績を上げていくために、会社の仕組みやルールだけでなく、活躍いただける人たちをどのように育て、集めなければいけないかを含め、従業員が積極的に働ける環境づくりにも力を入れています。

現在、クレタには４つの店舗に営業部があり、各店舗にスタッフが紐付くという組織形態になっています。

各店舗で営業を率いるリーダー（札幌東店のみ主任）は、より細かく現場のことを把握。私は会社の考え方や方針を各リーダーに落とし込み、各リーダーがそれぞれの販売店のスタッフに伝えます。

逆に現場に問題があれば、各リーダーが吸い上げて、それを私に伝えてもらいます。ただ、リーダーからの報告では把握しきれない部分については、私自身が現場に赴いて、スタッフ一人ひとりとコミュニケーションをとり、現場の状況と私の理解のギャップを修

正するという方法をとっています。

私がそれまで勤めていた自動車メーカーを退職してクレタに入社したのは、２０１９（平成30）年。当時はまだ苫小牧本店と札幌店の2店舗体制で、ちょうど3店舗目となる北広島店をオープンするタイミングで入社しました。

それまで社長が会社全体の旗振り役をしてきました。社長の指示に従い、各部署の社員が動いていたのですが、組織としての規模が大きくなり、社長がすべてを把握し、指示を出すには限界の状態でした。３店舗になっても、社長一人がいちいち指示を出していたのでは、スピード感のある組織になれません。

その後、２０２３年に4店舗目となる札幌東店がオープン、売上高も48億円（２０２３年度）になりました。ここからさらに売上高を伸ばしていくためには、組織を再構築し、強化する必要がありました。

そこで求めたのが、現場にいる社員一人ひとりが自ら課題を発見し、解決できる組織です。

図表8

目指すのは「組織力の強化」

2018年までのクレタ

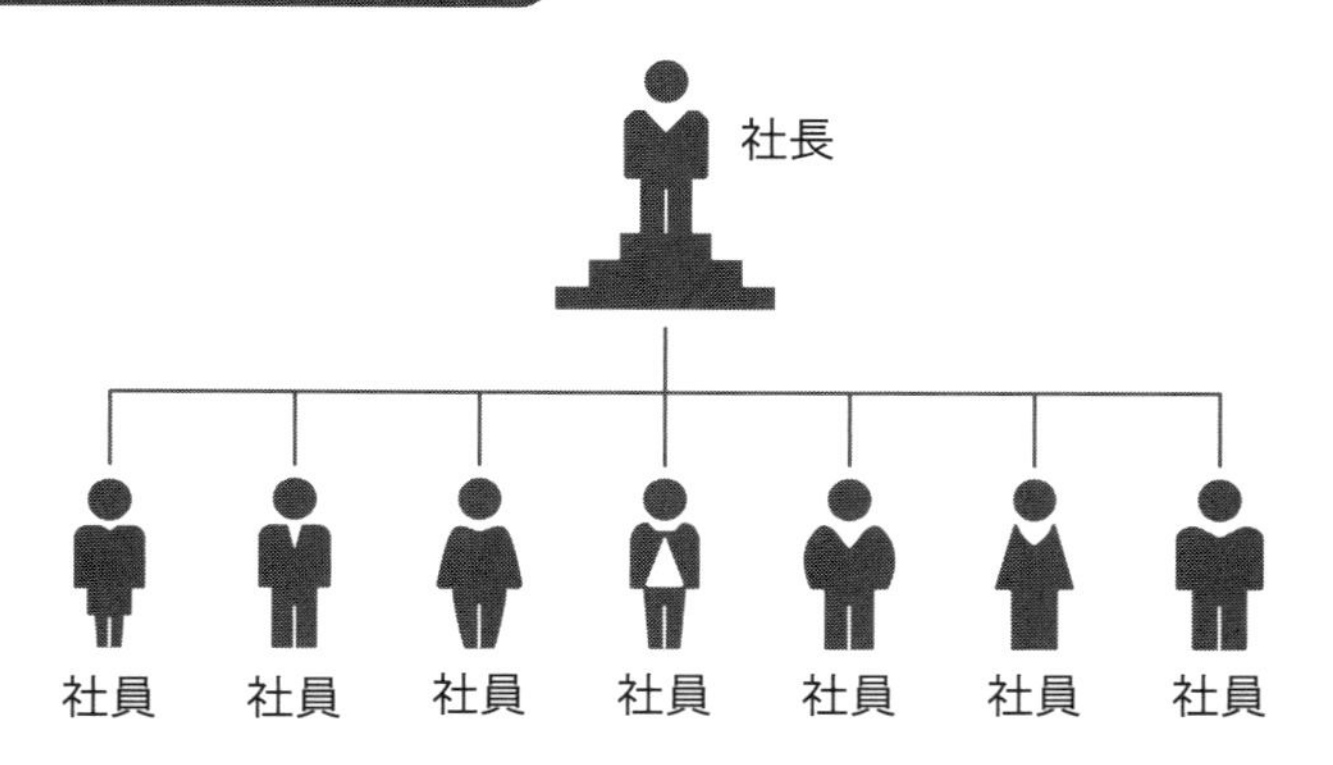

社長がすべての指示を出している状態

新たなクレタのカタチ

上司の指示を受けるのではなく、社員が自ら考え、動ける

営業であれ、総務であれ、サービスであれ、社員一人ひとりが業務のなかで、自ら課題を発見し、それを解決していく。もし解決方法が分からなければ、上長に相談する。なかにはチーム全体で解決することも……。

このようなＰＤＣＡ、だれが何をするかが分かりやすい組織づくりができれば、売上は必然とついてくると考えています。これを日常的に行える組織が、今後のクレタの理想とするカタチだと考えています（図表８）。

クレタにはノルマがない?!

クレタの営業担当者にはノルマはありません。「一人ひとり、自分がやるべきことを理解していればノルマは必要ない」という考えのもと、当社の営業にはノルマを課していません。

「でも、〝前年比○％アップ！〟という目標がなければ、なにに向かっていけばよいのか分からないし、評価されないのではないか？」

そんな声が聞こえてきそうですが、ノルマを与えるだけでは社員全員のやる気を引き出すことはできないと考えています。

そもそもノルマを課すことで、だれに対してメリットがあるのでしょうか？　それは、マネジメントする側です。「昨年比○％アップ！」と部下に伝えるだけでよいのですから。

しかし、数字を部下に押しつけるだけでは、それを受けて実践する現場は疲弊していきます。数字を達成できるかどうかに汲々となり、ノルマの達成を第一に考えるようになってしまいます。幸いにも出ていませんが、数字さえ達成すればよいと考える社員も出てきて、不正をしてでも数字を稼ごうという事態につながることもありえます。これでは、マネジメントする側も責任を果たすことはできません。

大切なのは、現場がしっかりと納得して、モチベーション高く業務にあたれるかどうかです。ノルマを課すだけでは、モチベーション高く仕事することはできないのです。

では、現場が納得してモチベーション高く仕事に取り組むにはどうすればよいのでしょう？　行き着いたのが、これからお伝えする2つの取り組みです。

1つ目が、会社が掲げている想いに共感し、自分が仕事をする意味を理解している人を集めることです。

クレタでは「軽自動車で、北海道を元気にする。」という企業理念を掲げています。軽自動車を普及させ、北海道民500万人を元気にするために、まずは目の前の人を元気にすることに注力しよう。それを500万人分積み上げていけば、北海道の人たち全員を元気にできるはず！

それを愚直に続けていくには、自分の仕事が「北海道を元気にする」ことにつながっていると理解することが大切です。

車両価格が安く、燃費や税金、車検といった維持費も少額の軽自動車を広く普及させることで、北海道の人たちの可処分所得を増やし、生活の質を上げられる。そのお金を子どもたちの教育費に回すこともできます。CO_2の排出量が少なく、燃費の良い軽自動車であれば、北海道の自然環境の保全ができる……。

「自分の仕事が北海道を元気にする」ことにつながっているとしっかり理解し、共感する仲間が集まれば、ノルマを課さずとも、モチベーション高く仕事に臨むことができると考えています。

クレタにマッチした人事評価制度をつくる

2つ目の取り組みが、社員だれもが分かりやすく理解できるような「人事評価制度」をつくり上げることです。自発的に考え、行動するためのバイブルをつくる。それに従うことで、モチベーション高く仕事ができるとも考えています。

人事評価制度をつくるにあたり、どのようなものがよいか。私の頭のなかにあったのが、次の3つのポイントでした（図表9）。

・社員がよく分からないような評価制度はいらない
・マネジメントする側のための評価制度では意味がない

第4章

図表９

人事評価制度作成で大切にした３つのポイント

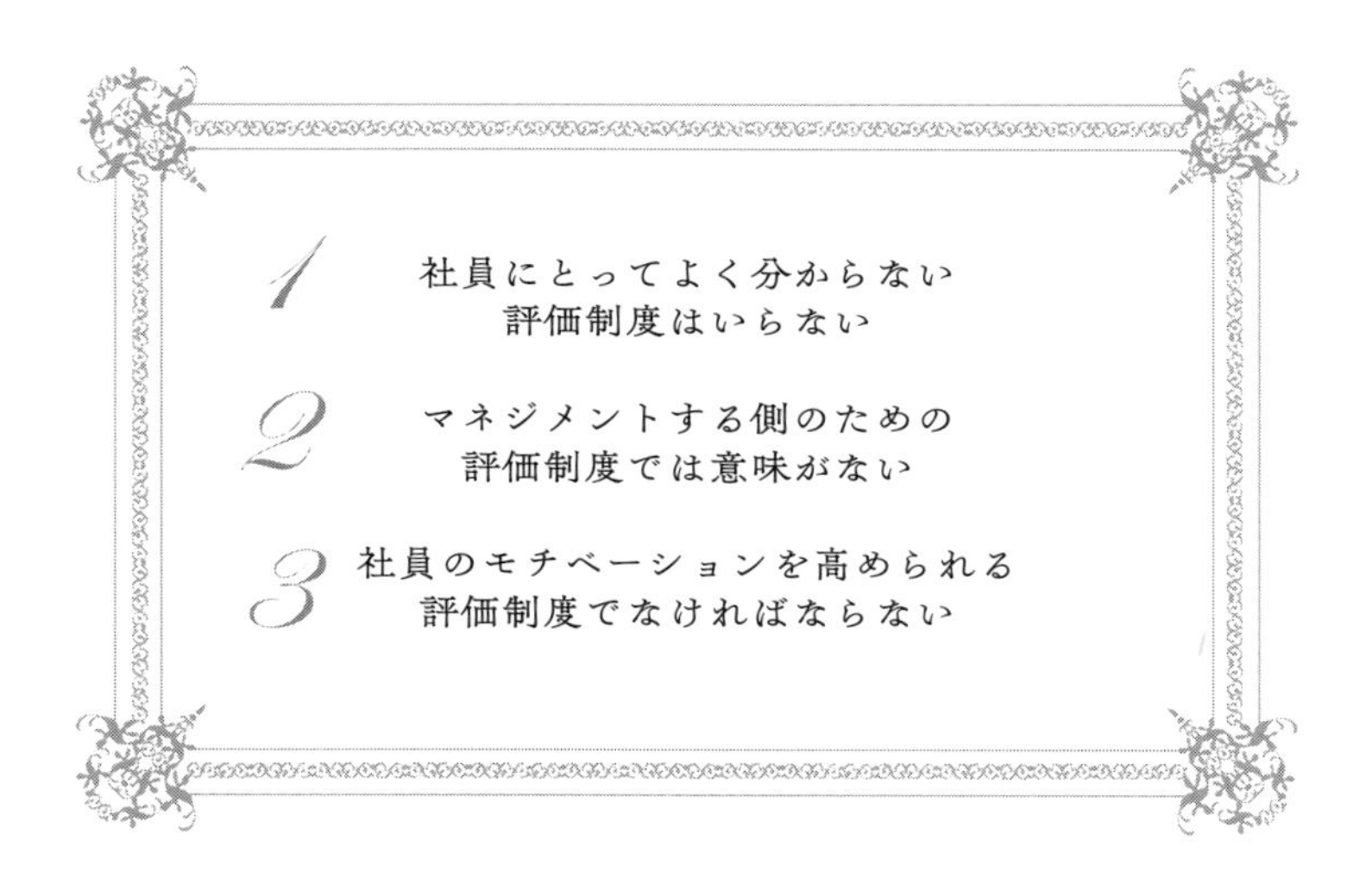

社員にとってよく分かり、
モチベーションを高められる評価制度が機能すれば、
ノルマは必要ない！

・社員のモチベーションを高められる評価制度でなければいけない

ここには、私が前職の自動車メーカーに在籍していた時に感じたことが含まれています。その会社は100年の歴史を持つ企業。

それだけの歴史と規模のある会社です。その会社の人事評価制度は抽象的なものでした。長い歴史があるからこそ社員が自然と理解できる部分もあり、ある種の「余白」を残した制度になっていました。

ここで言う「余白」とは、「良い」と「悪い」のどちらにも解釈ができる部分を残しているという意味。つまり、マネジメントする側もされる側も、自由に解釈できる部分を残した制度になっていたのです。

かたや、クレタは若い人が多く、管理職も少ない会社です。スキルや経験がまだ足りないクレタに、歴史ある会社と同じような人事評価制度を持ち込んだとしたら、現場に混乱を来すのは間違いありません。

そういう意味で、組織が未熟なうちは、細かい行動目標を提示していくのがよいと考えています。「こんな行動が評価に値します」「これからどんなことをすれば昇格できますよ」と分かりやすく提示することで、現場が混乱することなく行動でき、その行動が良い結果につながると理解してもらえます。逆に言えば、マネジメント側が意図する行動を社員にしてもらうために、細かく行動目標を提示しているのです。

そのような考えのもと、社員一人ひとりが分かりやすく、具体的な行動に落とし込める、クレタ独自の人事評価制度をつくり上げました。

冒頭に次のように記しています。

・会社の理念を追求するには、①時間、②利益、③リスクの3つが重要であり、これを追求することで、皆さん（社員）の「自己成長」につながること。それを分かりやすく整理したのが、人事制度であること

・「どうしたら自分が成長できるのか？」「どうしたら成長が会社から評価されるのか？」「どうしたら自分のキャリアを上げていくことができるのか？」を職種別、役職別に整理

・人事制度を通じて、会社が望んでいるのは、クレタで働くことで「成長」してもらうこと。この想いは皆さんに限った話ではなく、皆さんの家族、次の世代も含んでいる。皆さんが「成長」することで、会社の成長につながり、お客さまに価値を提供することにもつながること

・ただ、評価制度を導入したからすぐに会社が良くなるということはない。作成した評価制度が完璧か？　運用しながら改正し、クレタにとって最適な人事評価制度になるまでしっかりと取り組んでいきたい。そして一緒に「成長」して北海道を元気にしよう

人事評価制度では、社員一人ひとりの現在地を明確化。自分がどのような立場にいるかを理解したうえで、どうすれば昇級・昇格・昇給するかを明記しています。営業職であれば主任、リーダー、マネージャー、店長と、昇格するには具体的に何をすればよいかが分かるような制度になっているのです。

それを、営業、登録業務、整備エンジニア（一般整備／検査員）、整備フロント、フロント、鈑金・塗装、鈑金フロント、納車整備、さらには採用、総務経理、保険と、クレタのすべ

ての部門に対し、数値では表せない定性評価と実務評価に加え、それぞれの部門で必要となるスキルや資格を明文化。それは、給与体系にも及んでいます。

評価制度は、定性評価と実務評価の2本を柱にしています。定性評価シートは、会社として社員の皆さんに「どのような社員になってほしいか」という職務姿勢に対する指標を示し、実務評価シートでは「どのような力・スキルを身につけてほしいか」という技術の指標を示しています。そのうえで、社員面談を行います。

社員たちからは、「なにをすればよいか、具体的で分かりやすい」「自分に足りないところが分かり、どうすれば評価につながるかが明確」と、おおむね良い反応をいただいています。

すべてを分かりやすく明確に出すことで、社員一人ひとりが仕事へのモチベーションを持って取り組むことができ、自己成長へとつながる人事評価制度を目指し、日々ブラッシュアップを続けています。

理想は、ティーチングではなくコーチング

こうやって仕上げたクレタの人事評価制度は、社員に対して具体的な行動目標を示した、「ティーチング（Teaching）」の要素が強い制度に仕上げています。

組織が成熟してくれれば、全国的な自動車メーカーの人事評価制度のように、〝余白〟の抽象的な指示でも社員一人ひとりが自分で考えて行動する「コーチング（Coaching）」という領域に変化させていけばいいと考えています。

現在、クレタの人事評価制度は3年目。私が理想とする組織を「10」とすれば、クレタの今は「2」か「3」といったあたりでしょうか。

最近、青山学院大学陸上競技部の原晋監督の本を読み、そこにあった言葉に共感したばかりです。

「組織には段階がある。青山学院も最初はティーチングから始まり、徐々に権限委譲をしていった。理想はコーチングにある」

自分で課題を発見し、解決するプロセスを、指導者がいなくとも適切に踏むことができるようなルールや風土になっていく。それが私の理想とする組織です。

現場レベルで議論し、解決に向かう組織こそが、最も速いスピードで、かつ適切なアプローチで成長していけると確信しています。

翻って、それをクレタの仕事に落とし込んでみたらどうなるのか？　現時点ではその段階には遠く及んでいません。そもそも課題とはなにか、それを解決するにはどうすればいいのか、だれに協力を求めればいいのか……。そのあたりが、まだ現場レベルで腹落ちしていない状態ではないでしょうか？

そこで、「こういうスキルがあるよ」「こんな時はこう考えたらいいよ」「だったら、こんなルールにしてみたら」……と、人事評価制度を通して、こちらから分かりやすく教える「ティーチング」を重ねていく。

ティーチングを積み重ねてしっかりとした骨格が出来上がった後に、自分たちで課題を見つけ、解決策を考え、行動するという成功体験をすり込んでいく。社員一人ひとりに浸透したと感じたら、徐々に権限委譲していき、コーチングに移行していきたいと考えています。

入社年次に応じて、評価制度に変化をつけていくことも考えています。

例えば、入社4年目まではティーチング要素が強い評価制度で、5年目以降は少し自由度を持たせ、「余白」のあるコーチング要素の強い制度にスライドしていくなど、入社年次に合わせて変化させるのもよいと考えています。

組織として成熟し、自分で考えて行動できる上司が揃えば、評価制度に頼らずとも、現場での実務で教育するＯＪＴ（On the-Job Training）というやり方もあります。

どういうカタチであれ、クレタの社員一人ひとりの成長につながる人事評価制度とはどうあるべきか。試行錯誤しながらも、日々アップデートを続けていきます。

「より上を目指す」ための資格取得奨励

人事評価制度以外にも、クレタの社員が「もっと上を目指す」ための環境を整えています。

その一つが資格取得のための補助です。

お客さまにより多くの価値を提供できるために資格が必要ならば、その取得を奨励し、かかる費用を会社として補助します。

具体例がＦＰ（ファイナンシャル・プランナー）資格です。

家計にかかわる金融や税制、不動産、住宅ローン、保険、教育資金、年金といった、お金にまつわる幅広い知識を持ち合わせ、相談される方のお金に関する相談に乗り、その人の夢や目標がかなえられるよう、一緒になって考えてサポートしていく資格です。

しかし、ＦＰの項目のなかには、クルマに関する記載がほとんどありません。クルマは、住宅ローンの次に大きな買い物です。都市部に住む人以外、クルマがなければ生活ができない、必要不可欠なアイテムにもかかわらず、クルマに関する項目がほとんどない。私自身ＦＰの資格取得を考え、調べた際に、その事実に驚きました。

また、ＦＰの資格を持っていても、クルマにまつわるマネープランを組み立てられるかといえばそうではありません。クルマのことをよく知らなければ提案できないことがたくさんあるからです。

ならば、家計のプロフェッショナルであるＦＰであり、合わせてクルマのプロフェッショナルである自動車販売店のスタッフが増えていけば、目先の販売価格の安さで判断するのではなく、長い目で見てお客さまにとって得になる、価値のある情報を提案できると考えています。

ＦＰに限らず、そのようなお客さまに役立つものを提供できるために必要な資格の取得を会社は奨励し、また金銭面でも応援していく、それが現在行っていることです。

第5章

部門担当者が語るクレタの職場

〈語り手〉
北海道軽パーク 北広島店 営業リーダー Oさん
北海道軽パーク 北広島店 カーライフアドバイザー Hさん
北海道軽パーク 北広島店 Yさん

営業編

〈語り手〉北海道軽パーク　北広島店　営業リーダー　Oさん

入社8年目。北海道軽パーク北広島店の営業リーダー

若い営業スタッフをバックアップしながら一緒に成長する

私は北海道軽パーク北広島店の営業リーダーをしています。クレタのリーダーは2つのタイプに分けられます。1つ目のタイプは自ら数字を上げることで引っ張っていく「リーダー1」、2つ目のタイプは店舗全体の管理や、商談のすべてを把握し、営業スタッフが次に行うべきアプローチをアドバイスするといった「マネージャー」に近い「リーダー2」です。私は「マネージャー」タイプの「リーダー2」として、北広島店の営業をトータルにマネジメントする仕事をしています。

２０２４年1月現在、北海道軽パーク北広島店の営業は、私を筆頭に、1～3年目と若いメンバーが7名在籍。４年目が1名で、３年目が２名、２年目が２名という構成になっています。

一般的に営業スタッフが一人前になるまでには、２年半～3年はかかると言われています。その期間をできるだけ短縮できるよう、若いスタッフの成長をバックアップしながら、チーム全体として売上を高めることが私の主な仕事です。

私が毎日行うのが、受注から納車までの一連の流れのチェックです。

言うまでもなく、営業のメインとなる仕事はクルマの販売です。販売と言っても、クルマを売るだけではありません。お客さまから受注をいただいて納車するまでの一連の流れも含めて、販売の仕事なのです。

重要なのが、受注から納車までの時間をいかに短くできるか。納車までに時間がかかると、新規の営業にかけられる時間がなくなります。となれば、必然的に成績が上がらないというわけです。

では、なぜ納車までの流れがスムーズにいかないのでしょう？　それは段取りの不備や、確認不足によるトラブルといった不測の事態が起こるからです。それにより、新規営業に注力できないという事態を迎えないためにも、受注から納車までにかかる時間を短くしなければいけません。

そこで、北海道軽パークがつくっているのが、「納車管理シート」です。受注から納車までにやらなければいけないことを、すべてスプレッドシートに入力しています。申請書類の提出や、入金確認の有無など、細かい部分までチェック項目を用意。作業を完了したら、それぞれの担当者が日付を入力していきます。

私は、納車管理シートをチェックし、入力がなければ「その作業をしていない」と判断。すぐに担当者と話をするなど、トラブルになりそうなところを事前に潰し、納車までスムーズにいくように管理しています。納車管理シートに入力するカタチで必要なことをその都度行っていけば、トラブルなく納車されるようになっています。

北広島店だけでも、常時１５０～２００件に及ぶ納車管理シートが同時に動いています。納車した後は、納車管理シートは役割を終えるのですが、このところ自動車メーカーからクルマが届くまで時間がかかることもあって、納車までに新たなシートが作成され続けており、その数が減る兆しはありません。特に新車の場合、納車まで時間がかかるケースが多いため、生産見込みや工場に入る見込みの連絡が届いてから、納車管理シートに入力するようにしています。

最近はクルマに関連する不穏なニュースも多いので、お客さまの目が厳しくなっているのを肌で感じています。これまで以上に、営業スタッフの動きが見られていると感じることも多いです。

ならば、それを逆手に取り、仕事ぶりを見ていただける機会と考えてはどうか？　受注から納品までの作業を確実かつスムーズに行うなかで、「この営業スタッフはしっかりして頼りがいがあるな」と感じていただく。それが信頼へとつながり、お客さまとの長いお付き合いに発展していければと考えています。

チームでお客さまに満足していただく

自動車ディーラーでは当たり前のようにある〝ノルマ〟が、クレタにはありません。目標はありますが、個人にノルマを課すということはありません。

「でも、営業ノルマがないとモチベーションを高めるのは難しいのでは？」。

そう感じる方もいるかもしれませんが、私はそう思いません。というのも、私を含めて北海道軽パーク北広島店の営業スタッフは全員新卒入社。ノルマを課された経験がないというのが正直なところですが……。

では、どうやってモチベーションを高めているのか？　それが、チームとして掲げる目標設定です。「営業チームとして〇〇は達成しましょう！」という、チーム全体での目標を掲げます。そのためにはスタッフ一人ひとりがどのくらい数値を出せばよいのかが見えてきます。

目標は、会社や上司から言われるものではなく、リーダーとの相談の末に、スタッフが自ら設定します。ちょっと頑張れば達成できそうなレベルにしていますが、これまで通りでは達成できない数値を目安にしています。

そうやって個別に設置した目標に向かって、スタッフ一人ひとりが向かっていく。その結果、チームとしての目標をクリアするのです。

それを表すように、北海道軽パークではお客さまに対し、営業スタッフ1人だけで対応するよりも、ほかの営業スタッフとペアになったり、チームとして商談にあたるケースが多くなっています。経験や知識がまだ少ないスタッフだとうまく切り返しができないような場合は、リーダーの私が商談に加わったり、店長や社長が話の輪に加わったりするようなことも多々あります。

「チームとしてお客さまにご満足いただきたい！」。

それが、社員のモチベーションになっているのです。

もう一つ、社員のモチベーションのベースとなっているのが、人事評価制度（第4章に詳述）です。「あとこのくらい頑張れば、次の等級に上がれる」「主任に昇格するには次に何をしなければいけない」など、やるべきことが明確になっています。
だからこそ、ノルマがなくても、社員一人ひとりがやるべき、目標とすべきことが分かり、モチベーション高く仕事をしていけるのです。

実際、私が営業リーダーに昇格したのも、人事評価制度をもとに自分がやるべきことが明確に分かり、その目標に向かって頑張れたことが大きいです。もちろん営業リーダーになるには、上長からの推薦もなければいけません。

ただ、クリアしなければいけない目標が明確に分かり、それに向かってモチベーション高く頑張れたことで、自信もつきましたし、営業という仕事の楽しさを実感できたと思います。

先輩営業スタッフの言葉を徹底的に真似る

営業スタッフにとって、お客さまが自分を名指しでご連絡してくださったり、新しいお

客さまをご紹介していただけたりするのは、なにより嬉しいことです。

私のケースですが、こんなこともありました。3台4台とご購入いただいたお客さまから、また新たなお客さまをご紹介いただき、そのお客さまがさらに新たなお客さまをご紹介くださるという輪が広がっていきました。おかげさまで、私個人では新たにお客さまを増やさなくても、ある程度の台数を販売できるまでになりました。

ただ、私も入社当初からうまくいったわけではありません。1～2年目は営業成績が振るわず、別部門のフロントと兼任。それが半年～1年ほど続きました。

今から考えると、先輩の手伝いばかりで自分の仕事ができる時間がなかったからと、自分自身に言い訳をしていました。実際、販売したクルマの書類整理や、受注から納車までの段取りばかりをしていたのですから。

しかし、営業スタッフが足りない繁忙期などには、私がお客さまと商談する機会もありました。実際に打席に立つチャンスは少なかったのですが、限られた打席で数字を残せないと、不甲斐ない自分が嫌になっていました。

しかし、「このままではいけない！　この状況を変えていかないと！」と思った私が始めたのが、販売実績の高い先輩営業スタッフを徹底的に真似ることでした。

例えば、お客さまにさび止め（雪の多い地域では一般的な作業項目）をお勧めする際に使っている言葉や、スノータイヤと一緒にホイールを販売する流れなど、会話で使っていたワードや話の流れをノートにメモし、それを一字一句覚えました。

最初はただ真似をしているだけのような感覚でしたが、日々営業の現場で使っていくうちに、「なぜそういう言葉を使うのか」「なぜその会話の流れなのか」が理解できてきました。その言葉や考え方が蓄積され、いつしか自分のオリジナルスタイルになっていったのです。

もう一つは、営業と兼務してフロントをさせてもらったことも成長できた大きな要因でした。当時は、営業として成績が出ていないから、フロントをやらされていると思ったところもありました。しかし、それが営業をするうえで、大きな気づきを与えてくれたのです。

フロントはいつも店舗にいて、お越しになったお客さまと最初に接します。お客さまが求めていることや、お困り事を、最初にうかがう役目です。お客さまと営業スタッフを見ていくうちに、お客さまがどのようなことを求めているのかが分かるようになってきたのです。「話しやすく、信頼される営業スタッフとはどんなものか？」「どういう会話や態度で接しているのか？」など、求められる営業スタッフ像が具体的に見えてきたのです。

そこで培った気づきも合わせ、営業成績は大きく上向いていきました。

若いスタッフの成長がクレタを大きくする

営業リーダーとなった今は、若いメンバーたちの成長を感じられた瞬間が、なにより嬉しいですね。

今、私が大切にしているのが、若い営業スタッフと話し合える環境をつくることです。経験と知識が少ないスタッフが、商談から納車という一連の流れを1人で行えるようになるまでには時間がかかります。注文を受けたとしても、納車までの間にトラブルが起きたら、契約が破棄になることもあります。

そうならないためにも、若手スタッフが不安や悩みを相談しやすく、話し合える環境づくりを大切にしています。

相談を受ける際に心がけているのは、すぐに答えを出さないことです。なにが課題で、どうやって解決していくか……。すぐに答えを伝えるのではなく、「どう考える？」と聞くようにしています。自分の頭でしっかり考えてもらい、その結果出てきた答えについて、話し合うようにしています。

最初は、なかなか思ったような答えに至らないスタッフもいますが、経験を積むなかで自分のやり方やカタチを見つけています。

「ここまで考えるようになったんだな」と感じられた時は、自分一人で仕事をしている時よりも数倍嬉しく感じます。それが、私自身が描くストーリーと合致してくれば、安心して任せることができますから。

メンバー全員が非常に力をつけてきたと感じています。

以前は「どうしたらよいでしょうか？」というように「分からないことをぜんぶ私に聞

いてくる」カタチだったのが「このようにしたいと考えていますが、問題ないでしょうか？」というように、自分の意見を持って聞いてくるようになりました。

そしてそれが、ピントがズレないものになってきているのです。そのため私が伝えることも少なくなり、必要な時間も短く済むようになってきています。

今後は、私の経験や知識を伝えることで、若いメンバーを早く自分のポジション（リーダー）に引き上げたいと思っています。それは、一般職を主任に、主任をリーダーに、役職者の輩出に力を注ぐということ。

成長していったメンバーが、いずれほかの店舗を引っ張るような存在になることで、クレタをもっと大きく成長させていきたいと考えています。

カーライフアドバイザー編

〈語り手〉北海道軽パーク　北広島店　カーライフアドバイザー　Hさん

北海道軽パーク北広島店でカーライフアドバイザーを担当。2022（令和4）年入社の2年目。ファイナンシャル・プランナー（FP）2級の資格を取得

入社後、ファイナンシャル・プランナー（FP）の資格を取得

現在、自動車業界、それも販売会社は就職先として人気がないと言われています。私自身、入社するまで自動車業界には興味がありませんでしたし、免許は持っていましたが、クルマのハンドルを握ることがほとんどないペーパードライバーでした。

「なのに、どうしてクレタに入社したの？」と疑問を持たれる方も多いと思います。

理由は、お客さまの人生に長くかかわれる仕事をしたいと考えたからです。クレタは、クルマの販売だけでなく、保険からメンテナンス、車検、鈑金・塗装、リセールと、お客さまのカーライフを長くサポートできる会社であることに魅力を感じました。「軽自動車を通じて、北海道を元気に。」という企業理念に共感したことも大きかったです。生まれも育ちも北海道の私にとって、「北海道を元気に。」という言葉は就職活動をしていた私の心に強く刺さりました。

人事の方と面談を重ねるなかで、「就職するならば地元の北海道がいいし、自分の仕事を通じて北海道を元気にできる」と確信を持てたことが、クレタに入社した一番の理由です。

現在、私は北海道軽パーク北広島店で、カーライフアドバイザーをしています。ファイナンシャル・プランナー（ＦＰ）２級の資格を取得し、お客さまのカーライフから、生活を良くするためにアドバイスをさせていただいています。

ＦＰの資格は入社してから取得しました。正直なところ、クレタに内定をいただくまで、

ＦＰのことをよく知りませんでした。入社前年の２０２１（令和３）年に、資格取得奨励の制度ができたと、内定をいただいた時に初めて耳にしたくらいです。ＦＰがどんな資格で、どういうことができるのか、資格を取得するのはどのくらい難しいのかを、まったく知らない状態でした。

しかし、ＦＰの仕事を知るうちに、自分がやりたかったこと、つまりお客さまの人生に長くかかわっていくには必要な資格であることが分かってきました。

そこで、私は入社してからＦＰの勉強を始めました。新入社員として仕事を覚えながらの勉強で大変ではありましたが、１年目に３級、２年目に２級の資格を取得でき、今に至っています。

ＦＰ資格を取得するには、家計にかかわる金融や税制、不動産、住宅ローン、保険、教育資金、年金といった、お金にまつわる幅広い知識が必要です。この資格取得を通して手に入れた知識を活かし、相談される方の夢や目標がかなえられるよう、一緒になって考えてサポートしていく。それがＦＰの仕事です。

お客さまのライフプランをトータルでお手伝いする

実際の商談では、お客さまの自動車保険に関する提案を行う際に、ＦＰの知識が役に立っていると感じています。

自動車保険はクルマの販売成約時に保険を提案し、納車時には加入いただいている状態にします。それまでの保険の加入状況や、月々の支払額についてお聞きし、「子どもも運転をするようになった」「引っ越しをした」など、お客さまのライフステージの変化に合わせて保険の範囲を変更する、支払額を変えるなどの提案を行います。

これまでクルマをお持ちのお客さまでも、軽自動車に変更するとその維持費は大きく変わります。すでに軽自動車に乗っている方も、新しいクルマになると変わる部分は結構あるものです。

また、初めてクルマを買われるという方の場合、クルマの購入金額と初期費用に目が行きがちですので、「月々でこのくらいの金額がかかります」と、維持費について説明をしています。

最近ではほかの社員のお客さまの保険について相談をお受けすることも増えてきました。その際には「アフターサービスの担当者です」と名乗り、「今後クルマを持つのにかかるお金をできるだけ少なくしながら、安心してお乗りいただくお手伝いをさせてください」とお伝えしています。

ある日、カーライフアドバイザーとしてこんな相談を受けました。

「4月から新社会人になり、就職して初めて自分のクルマを持とうと考えている。現在の収入のうち、どのくらいがクルマ関連の支出になるのか、そのイメージが持ちにくい」というお話でした。

そこで、ご相談された内容をもとに、その方にお勧めのクルマやパッケージ、支払い方法、保険などを考えていきました。

まず、新車がよいのか、中古の軽自動車がよいか、費用をさらに抑える中古車がよいのか……。それぞれにかかるコストを明確にします。車両本体価格、ローンならば頭金、毎月の支払い、ボーナス払い。燃費を考慮して使用頻度に応じた燃料代、オイル交換代、自動車税、車検代……。若い方だと保険料が高くなるという話も大切です。

「月々にかかるお金はこのくらいです。もう少し安くしたいならば……」と提案していきます。

このように、車両にかかるお金だけでなく、長い目で見てお客さまの人生にプラスになる提案をできるのが、FP資格を持つカーライフアドバイザーだと考えています。

ご相談を受けるなかで、方向性を変えていただくことがあります。

かつて、「予算100万円以下の中古車」という条件でクルマを探しているお客さまがいらっしゃいました。話をうかがってみると、「現時点でクルマを2台所有、5年乗っているクルマはそのままで、もう1台を100万円以下で探しており、5年落ちでもいい」ということでした。

ただ、じっくりと話を聞いていくと、「次に購入するクルマはできるだけ長く乗りたい」とおっしゃるのです。

それに対し、「今だけを考えれば、5年落ちの100万円以下でクルマを購入するのがいいように思われるかもしれません。でも、5年後には2台同時に買い換えになるかもしれません。同時に2台購入することは想像できますか？　5年先のことを考えると、初期投資は高いかもしれませんが、年式の新しい軽自動車がいいです。それも中古ならば新車よりも車両価格や税金が抑えられ、トータルでのコストを大きく下げられます」と提案。5年後にかかるコストの違いや、月々の支払い額にも納得いただき、中古の軽自動車を購入していただきました。

合わせて、支払い額に見合った保険にも加入いただきました。長い目で見て、お客さまの得になる提案ができた瞬間でした。

なかには、「購入しないほうがよい」と提案することもあります。以前、こんなこともありました。

乗り続けたクルマを、そろそろ買い換えようか悩んでいる方がいらっしゃいました。北海道軽パークでは、ご来店されたお客さまの車が整備工場に入庫したら、必ず点検を行います。そして車検が近いようでしたら、その時点でどのくらい費用かかるのか、見積もりを出すようにしています。

年式が古く、パーツ交換や修理などで車検時の費用が多くかかると判断すれば、乗り換えをお勧めします。しかし、年式がさほど古くなく、車検の費用があまりかからないと判断すれば、「このまま引き続き乗ったほうがお得ですよ！」と提案することもあります。

それができるのは、自動車販売だけでなく、修理や車検、保険、鈑金・塗装といったワンストップ体制を敷いている北海道軽パークだからなのです。

自動車販売だけをする会社であれば、クルマを購入していただかなければ一銭も稼ぐことはできません。しかし、クルマにかかわることをトータルにサポートできるワンストップ体制の北海道軽パークでは、その時点でクルマを購入せずとも、将来の売上の可能性につながり、長い目で見れば儲けがゼロになることはありません。車検や整備で工場を使っていただいたり、アフターパーツの購入などにつなげたりすることで、お金がまったく入ってこないということはないのです。

つまり、北海道軽パークでは車両を販売するだけではなく、カーライフをトータルにサポートする体制ができているからこそ、その時点で販売につながらなくても、お客さまのライフプランを長い目で見て、得になるプランを提案できるのです。

またそれができるのが、ＦＰ資格を持つカーライフアドバイザーの仕事だと考えています。

サービス編

〈語り手〉北海道軽パーク 北広島店　Yさん

入社10年目。現在、北海道軽パーク北広島店のサービス部検査員リーダー兼事業場管理責任者

年間1000台超の車検整備を行う

北海道軽パークのサービス部は、納車整備部門とサービス部門に分かれています。私が勤務する北広島店では、納車整備部門でメカニックが3名、サービス部門のメカニックが4名、あとはサービスフロントが4名の10名体制で作業を行っています。

納車整備部門は、販売した車両にナビゲーションやドライブレコーダーを取り付けると

いった仕事をメインにしています。

それに対し、私が担当するサービス部門では、車検整備や検査が主な仕事。当社で販売した車両の車検整備を行うほか、車検満了日が近い車両が入庫してくれば点検の後に、車検整備を行っています。

ライトが正常に照射するか、ブレーキパッドやローターは残っているか、マフラーから異音は出ないか……。すべて規定となる検査項目をクリアしているか、検査員としてチェックしています。

現在、北海道軽パーク全体では、年間約6000台の車検を行い、北広島支店では納車整備スタッフ2名により、年間1000台強の車検整備を行っています。単純計算すれば、1日3台の車検を行っていることになります。

北海道軽パークが行う車検の特徴は、1時間以内という短時間で済ませられることです。車検といえば、お客さまからクルマをお預かりし、数時間後から翌日のお渡しという店舗が多いのですが、北海道軽パークでは1時間以内にお渡しすることを基本にしています。

完全予約制で、待合スペースからガラス張りのピット作業を見たり、店舗内にあるソファでくつろいだりしながらお待ちいただきます。途中でクルマの状態や交換が必要な部品についてご説明をします。ご承諾いただいた後、必要な交換を済ませて1時間以内で車検は終了。そのまま乗ってお帰りいただけるシステムになっています。

1時間以内というスピーディーさに驚かれる方もいますが、仕事は万全の態勢で行っています。検査員と整備士の2人で役割分担を行い、法定56項目の分解・点検に加え、日常点検10項目を実施し、早くともお客さまに安心していただけるよう丁寧にチェックします。

さらに、車検専門の検査ラインやコンピューターシステムを導入。さらに検査を迅速に行えるよう、設備も万全に整えています。

もちろん、車検の検査が通らないところが出た場合は、1時間以内に車検が終了することはありません。もし、後日のお引き渡しとなった場合は、代車を用意し、お客さまに不便のないようにしています。

お客さまの気持ちをくみ取る能力が大切

繰り返しになりますが、北海道軽パークはお客さまのカーライフをトータルにサポートする、整備や車検、鈑金・塗装、リセールがすべて一つのところに揃っているところが特徴です。その強みを活かすには、クルマを購入した後、お客さまがオイル交換やメンテナンス、車検整備などの際に、また行きたいと思っていただける場所にならなければいけません。

その鍵を握るのは、サービス部門にあると私は考えています。

クルマを購入する際は、価格の「高い・安い」は大きなポイントになります。しかし、その後も購入した店舗を継続的に利用するかどうかは、サービスの満足度によるところが大きいと考えています。

安心して任せられるか、サービススタッフの対応が良いか、時間がかかりすぎないか……。オイル交換一つとっても、サービススタッフの仕事ぶりに納得し、心地良い時間を

過ごせたとしたら、車検や修理などもお願いしたくなるはずです。

最近ではネットの普及により、顧客満足度が数値化され、満足度が高い店舗へとお客さまがすぐに流れていく傾向があります。逆に言えば、ほかの店舗や会社でダメと感じたら、当社に来ていただけるということ。

おかげさまで、北海道軽パーク北広島店は、２０２４年1月現在Googleのクチコミで「４・６」(写真)、グーネットのお客さま満足度「４・９（ともに5点満点）」と高評価をいただけていますが、メカニックだからといって、お客さまと対話しないというのは考えられません。整備や点検を同じようにしていても、お客さまとのコミュニケーション次第で、満足度は大きく違ってくるのですから。

私がお客さまとお話しするなかで大事しているのは、気持ちを〝くみ取る〟ことです。会話のなかで、お客さまが求めていること、言葉では表現できないことまで〝くみ取る〟作業に、私は最も時間をかけています。

例えば、お客さまがクルマに不調を感じたとします。整備チェックで見つけられればよいのですが、その場ではなかなか不調が現れないというのは、よく起きること。

そんな時、「不調が出ませんね」で終わってしまったとしたら、どうでしょう？　次になにかあっても、解決してもらえないならば、その店舗に行こうとは思いませんよね？

お客さまが求めているのは、「不調がどんなものなのか」「問題があるならばなにをすればよいのか」「問題はないけれど修理するならばどうなるか」といったことです。対話のなかで、お客さまが考えていることや、言葉にできないところまでくみ取り、納得していただけるまで言葉を尽くし、その後の解決策や対処法を分かりやすく提示していきます。

メカニックがお客さまの気持ちをくみ取る力をつけ、言葉を尽くすことで、お客さまから信頼を得られ、次もまた来たいと思っていただけると考えています。

メカニックが積極的にお客さまとコミュニケーションをとっていく

私は入社してから5年間、苫小牧の本社で働いていました。そこでお付き合いさせていただいたお客さまのなかには、私が北広島店に移ってからも、ありがたいことに苫小牧からわざわざお越しくださる方もいらっしゃいます。

そのなかの一人は、あるミスをきっかけに信頼いただけるようになったお客さまです。そのミスとは、タイヤ交換の際にホイールナットを積み忘れたというもの。整備を終え、お客さまがお帰りになった後にそのことに気づいた私は、すぐにご連絡。ご自宅までホイールナットをお持ちし、謝罪をしました。その時から、オイル交換の際にはサービススタッフの私を指名していただけるようになりました。

そのお客さまは、私が北広島店への転属後、苫小牧からわざわざお越しくださるだけでなく、お客さまの会社の社用車やご家族のクルマまでも購入いただきました。今でも、整備や車検などをさせていただいています。

このエピソードで伝えたいのは、どんなところでお客さまから信頼を得られるか分からないということです。

私の場合、ミスがきっかけでしたが、ミスを認め、謝罪をしたことを評価していただきました。信頼を得るきっかけは、いろいろなところに存在しています。きっかけがより多くなるよう、日々心がけることが大切だと思っています。

例えば、2回目以降に来店されるお客さまの場合は事前に前回の入庫履歴をチェックする。そのうえで、「前回、ご来店された時にお話しされていた不具合はどうでしょうか？」とお声がけをします。お客さまは「ああ、覚えてくれていたんだ」と、そのサービススタッフに親しみを覚えます。それを何度か繰り返すなかで、「次はあのスタッフに直接相談しよう」と信頼につながっていくのです。

整備を行うサービススタッフは、クルマが壊れないようにアドバイスすることも重要な仕事です。「1週間にどのくらい乗るのか」「1回にどのくらいの距離を走るのか」といった使用状況を詳しくうかがいます。そしてそれにともなう消耗品をチェック。必要であればパーツ交換をお勧めし、大きな故障につながらないようにしていきます。

走行距離が少ない方であれば、ドライスタートを起こす危険性があります。エンジンを停止してから時間が経過すると、エンジンのシリンダー内にオイルがほとんど残っていない状態になります。そのままエンジンを始動させると、エンジン内のシリンダーが傷つき、寿命を縮めます。走行距離が少なく、エンジンをかけることが少ないと判断したら、ドライスタートを防止する添加剤を提案します。

逆に距離を走られる方の場合は、オイル交換の際にブレーキパッドが摩耗していないかをチェックします。「リフトアップしてチェックしてみたら、ブレーキパッドがかなり摩耗していました。1カ月以内に交換したほうがいいですよ」と提案していきます。

サービススタッフに求められるのは、待ちの姿勢ではなく、積極的にお客さまとコミュニケーションをとり、お客さまが求めていることや、クルマの状況を、〝くみ取る力〟です。

メンバーには私自身の経験を踏まえて、個別に伝えるようにしています。そのなかで、自分なりの方法を見つけてほしいと考えています。

クルマの販売から保険、メンテナンス、車検、鈑金・修理、リセールまでをトータルに行える北海道軽パーク。その強みを活かし、お客さまと長いお付き合いをしていくためには、サービススタッフのこのような努力が不可欠なのです。


メンバーがお客さまとしっかりコミュニケーションを行い、気持ちをくみ取るためには、メンバーが自動車整備に関する基本の知識をしっかり増やしてもらうことが大事と考えています。

今の時代、インターネットで自動車整備に関する知識を持ち合わせているお客さまが増えています。そのような方々の問いに、しっかり答えられるか。

「自信のある接客」ができていないと、お客さまにはすぐに伝わってしまいますから、すべてのメンバーが自信を持って対応できるよう、必要なことを身につけていってほしいと考えています。

ほかにも、20代後半のメンバーたちは皆仲が良く、会社にいるのが楽しいと感じているようです。

第5章

それはお客さまにも高い価値を提供できることにつながりますので、とても良いことなのですが、例えば先輩たちがいつまでも会社にいると新入社員が帰りづらくなるなどもあるかもしれないので、仕事の区切りをつける、終わったならば帰るよう促すなど、若い人たちに言わば「若手から中堅社員へ」となるために必要な指導をすることなどが大事と考えています。

第6章

クレタの採用

〈語り手〉
クレタ総務人財開発グループ　採用担当リーダー
Tさん

Tさん
クレタ　総務人財開発グループ　採用担当リーダー
2018年入社の7年目。入社2年目より人事を担当。主に新卒採用を担う

北海道の就職企業人気ランキングで13位の快挙

従業員100人に満たない中小企業、それも不人気の自動車販売業ながら、2023（令和5）年に卒業の「大学生就職企業人気ランキング」（出典：マイナビなど）北海道版で、クレタは13位という快挙を果たすことができました。

2025年卒業見込みの同ランキングでも24位に入っています。

上位には全国的に知名度の高い企業が居並ぶなかにあって、北海道に4店舗の自動車販売会社であるクレタが、なぜここまで人気があるのか？　だれもが疑問に思うはずです。

大手自動車メーカーならいざ知らず、自動車関連企業の人気は高くありません。なかでも販売会社の人気たるや惨憺（さんたん）たるものです。就活生が集まる合同説明会などでも、クルマ

に興味があるという学生を探すのは大変です。

そんな逆風が吹き荒れる自動車販売会社にあって、どうしてクレタに入社したい学生が多いのでしょうか？　考えてきたこと、実践してきたことをお伝えしようと思います。

これまでクレタで内定を得た学生たちに、クレタのどんなところに魅力を感じたのか聞いてみました。すると、「自分が仕事に対して大事にする価値観や考え方のすべてが当てはまったのがクレタだけだった」という声が多い結果になりました。なかでも、多く挙げられる理由が、次の４つです。

■内定者から聞いたクレタの魅力

①北海道で働けること
②自分が成長できること
③自分だけでなく、チームで働けること
④社会人だからこその仕事ができること

理由について、一つずつ説明していきます。

①北海道で働けること

クレタを志望する就活生の多くが北海道に住んでおり、地元・北海道で働ける。

②自分が成長できること

クレタが成長し続けている会社であり、そのなかで仕事をすれば自分も成長できると考えるから。最近の学生の傾向として、企業を選ぶ理由に自分が成長できることを挙げる傾向が高い。

③自分だけでなく、チームで働けること

クレタには個人に課されるノルマがなく、チームとして夢や成果を追求できる環境であること。そのなかで自分自身が目標設定できる。

④社会人だからこその仕事ができること

だれでもできる仕事ではなく、社会人だからこそできる、チャレンジができる、お客さまに価値を感じていただき長く関係を築いていった結果、単価の高い商品を販売することができる仕事である。

さらに、「社風の良さ」や「札幌近郊で働けること」も上位に入っていました。

これらを踏まえたうえで、就活生とのコンタクトは、合同企業説明会のほか、会社側が気になる学生にアプローチできる逆求人型サイトなどを通じて、「北海道で就職希望」「成長できる会社」「自動車業界希望」といった学生に対し、積極的に行ってきました。

クレタの採用活動を特徴づけるのが、面談です。

どの学生も、就職活動を始めたころはやりたいことがまだ明確ではなく、ぼんやりしています。そのぼんやりとしたものを、自分の言葉で発する「言語化」をしていくなかで、本当に自分がやりたかったことが見えてきます。

採用担当である私はそのサポート役として、就活生一人につき30分〜1時間の面談を繰り返し行います。

面談では、こちら側の価値観を押しつけるのは御法度。自己ＰＲや自己分析をサポートしたり、他社・他業種の特徴を伝えたりするなど、就活生がまだ見えていないことや、理想と現実のズレなどをアドバイスしていきます。

面談を繰り返し、クレタの仕事と自分のやりたいことが違うという結果になることもあります。その時は、「残念だけど、自分でやりたいことを重視して決めたらいい」と伝えています。本当にやりたいことが見つかったのだから、その世界で頑張れるはずですし、クレタにとってもミスマッチを防げますから。

このやり方を繰り返していくなかで「クレタに行けばやりたいことが見つかる」という評判が就活生たちの間に広まっていきました。

面接の参加者や採用試験への参加者数は年を追うごとに増加。２０２３（令和５）年卒の学生の採用時には、３年前の約15倍の２９６人に面談を行いました。採用選考への参加者も3年前の約2倍の132人に増加するまでになりました。

クレタの採用活動は、大手企業に比べれば学生との接点は多く持っていませんが、就活生一人ひとりにとことん寄り添う関係性の深さを重視しています。それを、今の就活生たちが求めているのかもしれません。

最大20回を超えるフォローで、就活生の考えを掘り下げる

就活生へのアプローチは5月からスタートします。敬遠されがちな自動車業界に加え、中小企業であるクレタの知名度はまだまだ低い状態です。だからこそ、アプローチに時間をかけています。

5月のほか、秋と冬にも合同説明会があり、そこから2週間に1回程度、少ない学生で1カ月に1回の面談を行います。時期により面談の多い少ないはありますが、多い学生であれば20回以上のやりとりをする方もいます。

「20回以上？」

そう驚く方も多いです。しかし、数回会っただけではその学生がどんな人物であるのか分かりません。「なにをしたいのか？」「どんな社会人になりたいか？」「希望している条件は？」などが、明確になっている学生は多くありません。

そんな就活生にとって、クレタの面談はこれまでの考えに対して、改めて「なぜ？」と問われる場所になっています。皆さんも頭のなかで考えていたことを自分の口から発することで、それまで気づかなかったことに気づき、理解できたことがあるのではないでしょうか？　頭のなかのものを発して言語化することで、より自分の考えが明確になっていくのです。

採用担当の私は、就活生がどうしたいのか、どんな会社に勤め、どんな人生を送っていきたいのかなど、頭のなかの考えを整理し、明確にするお手伝いをする。そんなスタンスで面談をしています。

やりとりのなかでは、面談をする以外にも職場体験会や北海道軽パークの全店舗見学など、仕事の場を実際に見てもらう、体験してもらうことをしています。

何度も面談などで接触を重ねていくと、心の許せる先輩のような存在になるのでしょう。「ほかの会社の人事にはごまかして伝えているんですけど、実は……」と、ここだけの話をしてくれることも多々あります。

頭のなかの考えをすべて吐き出せるこの面談では、いろいろな会社や業界と比較検討してもらい、最終的にクレタを選んでくれたとすれば、就活生と会社のミスマッチもなく、入社後にぶつかる困難も乗り越えていけると考えています。

逆に、面談を重ねて仕事への考えが明確になるなかで、やりたいことが別だったという結果になることもあります。面談した就活生が100人いれば、100人が入社することはありません。自分の考えを見つめるなかで「この会社ではない」と感じたら、次の面談を断られることもあります。

でも、その答えに対し、私たちは追いかけることはありません。「やりたいことを重視して決めてくれたらいい」と背中を押すようにしています。自分の考えを突き詰めたら、会社の考えや価値観に合わないという結果になるならば、合うところに行くほうがよいに決まっています。

この背景には、石亀社長の「人を大事にしたい」という強い想いがあります。自分のやりたいことや目指すべきところが明確になったのです。他社や他業種に行ったとしても、その場所でちゃんと活躍できる人材となるに違いありません。

クレタばかりではなく、これからの時代を担う人の〝その先〟を見ている。そんな石亀社長のスタンスに、私は強く共感を覚えています。

内定者や新入社員に対し、充実のフォローアップ体制

私は総務部人財開発グループのなかで新卒採用を担当していますが、新卒といっても、就職活動を行う大学3年生と内定者（大学4年生）、そして新卒1年目の育成という、3つの年次のフォローを同時に行っています。

4月に内定を出した学生には、入社までの1年間をかけて内定者フォローというカリキュラムを行います。月に1回の研修を行い、まずは同期でコミュニケーションをとって、同期同士の仲を深めてもらっています。

その後、夏休みなどの長期休暇を利用し、「入社までにクリアしたいこと」「入社して3年以内に達成したいこと」「そのためになにをしなければいけないか」といった目標を設定。それに向けて努力しましょうという研修を行っていきます。

年に1回ある全社員参加の社員総会には内定者も参加してもらいます。社員との交流に加え、会社にまつわる売上高や収益、借入金といった数字をつまびらかにしていきます。良いところも苦戦しているところも合わせ、すべてを包み隠さず内定者に見てもらうようにしているのです。

研修では、翌年4月から入社するにあたり、社会人としてのマナーや、マインドセットなど、さまざまなカリキュラムを用意し、クレタの社員としての基本を身につけてもらいます。

このように、入社以前にクレタで行うのがどんな仕事であるか、必要なスキルや心持ちがどのようなものかを準備できる内定者フォローを始めるなかで、かつて高かった新卒の離職率は、直近3年間では大きく低下しています。今後この数字はまだまだ下がっていくと考えています。

4月に入社した新卒社員に対する研修も行っています。入社してから1カ月間行う研修で、クルマの基礎知識や、クレタで働くうえでのルール、会社の組織制度を伝えます。クルマの知識がまったくない新入社員が、業務に支障を来さないようにするのが目的です。合わせて、人事評価制度を冒頭に説明します。昇給・昇進するにはどうすればよいか、どうすれば評価してもらえるか、どんな資格が必要かなど、人事評価制度を見れば自分の現在地が分かり、やるべきことが明確になることなど、その使い方をレクチャーしていきます。

5月には、営業補助として現場に出てもらいます。社員間のチームワークの良さを感じてもらうほか、お客さまとの入口が営業であることを肌で感じ、理解するという意味があります。ほかの社員と仕事をするうえで困らないように、メモの引き継ぎの仕方や、電話対応、会社で使う顧客管理システムの使い方、実務的なことなど、新卒社員研修はギッシリとスケジュールが詰まっています。

図表10

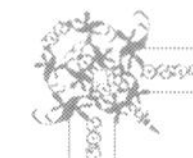

クレタの研修とキャリアアップ制度

内定者研修（総合職）

入社の約１年前から、月に一度のペースで実施。同期の顔合わせや、秋には現場で活躍する社員と共に合宿も実施。入社前や入社後で達成したいことについての目標を設定する。

新入社員集中研修（総合職）

入社してから最初の１カ月間、全員でクルマに関する共通の勉強を行う。

育成担当・メンター制度

１人の新入社員に対し、２人の先輩社員が担当する。育成担当からは普段の仕事を教わり、メンターからは２～３カ月に一度のペースで面談機会を設け、またいつでも悩みを相談することができる。

東京ほか全国研修・繁盛店視察

全国各地で活躍している同業他社の見学を行う。道外で活躍する会社のノウハウを自社に持ち帰り、共有することで更なる高みを目指す。

階層別研修

入社年次ごとや、役職ごとに必要な研修を行う。内定者の段階から受講が可能。自身のレベルに合わせて必要なことを勉強でき、段階を追って成長が可能になる。

指導者研修

役職者を対象に、後輩への指導の仕方をレクチャーする。外部講師を依頼することもあり、育成のレベルアップに力を入れている。

研修には自動車メーカーのディーラーの方にもお越しいただき、各メーカーのクルマについてだけでなく、それぞれの会社の歴史などについてもお話しいただき、扱う製品や製造元に対する理解を深めてもらいます。

クレタではその後も、社員への教育制度を用意しています（図表10）。

例えば、新入社員1人に対して、1人の先輩社員がつく「育成制度」があります。育成担当がほぼ毎日対話し、日常業務を教える育成責任者となります。育成される側はもちろん、教える側にとっても仕事の振り返りをする機会となり、相乗効果が得られると考えています。

新入社員には育成担当とメンターが1人ずつ、合計2人がつきます。

「メンター制度」は、3～4カ月に一度、人事から指定した対象者と面談するというもの。普段の業務ではかかわらない先輩社員と話す機会を設けています。メンターとの面談では、人事部との話では出なかった相談や話が出てきます。部署が違うため、社員は名前しか知らない社員と話ができるこの制度を楽しんでいるようです。「話したら良い子だね」「いつか仕事を一緒にしたい」「プライベートな飲み会に誘ってみようか」など、店舗をまたいだ交流にも発展しています。

他社に比べて研修などのカリキュラムが多いクレタでは、現場の社員たちの協力は不可欠です。就活生に対して会社説明会での登壇や面談、面接官として、内定者や新入社員への教育など、現場の社員から協力を仰がないといけません。

他社の人事に話を聞くと、状況が大きく違っているようです。例えば、採用にかかわる業務を行うと営業に割ける時間が限られるため、協力を断られるケースも多いと言います。

しかし、クレタでは個人にノルマを課していません。チームとしての目標数値のため、内定者研修で抜けたとしても、チームのほかのメンバーも現場でカバーしてくれます。採用活動や社員教育などへの協力を快く受けてくれるのは、採用担当としては嬉しいこと。なにより、それがクレタの文化につながっていると感じています。

「クレタに入社して良かった」という言葉がモチベーションになる

2024（令和6）年1月24日現在、8人の就活生を同時進行しています。1人の学生に対して、30分〜1時間をかけます。それを2週間に1回、8人と面談するのは、想像以上に大変です。

「こういう人と話したい」「この人と似ているかも」という場合にはゲストを呼ぶこともありますが、面談は基本的に私一人で対応しています。

面談に力を入れてから3年が経ちますが、同じ考えを持つ学生は存在しません。その都度、新たな宿題にあたっているような感覚です。将来を大きく左右するかもしれない、やり甲斐のある仕事だと感じています。

面談を重ねるなかで、こちらが欲しい人材かどうかも見えてきます。そこで、入社してほしい学生が、面接まで残っていくような仕組みにしています。

内定を出すためには、最後は面接を受けてもらいます。面接官は、人事以外の社員。就職の伴走者とも言える人事とは気軽に話せる就活生も、面接になるとガチガチに緊張して臨みます。

面接で問われるのは、ちゃんと自分の言葉で語れるか。面談で明確になった考えを、面接で言語化できるかを試されます。だれかに言われたことではなく、自分の言葉として話せるかを判断するのが面接なのです。営業希望の場合、お客さまとのやりとりを考え、その対応力が問われます。

こんなことがありました。面談では良かったのに、面接では「保留」と判断されてしまいました。「こんな子だったんだけど、Tさんの印象はどうだった?」と面接官から聞いてくることもあります。

そんな時は、「不合格」を出す前にもう一度、人事との面談を挟みます。面接官に対しうまく答えられなかった質問や、「保留」と判断された理由を、面談のなかで深掘りします。なぜ面接で「保留」と判断されたのか、その理由をしっかり理解し、自分の考えをもう一度言語化していきます。

その学生はそこから再度面接を受け、無事に合格。今では、現場からの信頼を集める社員へと成長しています。先輩社員からは、「勉強したら素直に吸収するし、アドバイスしたら次にはちゃんとできている」と、現場での評判もなかなかです。採用担当として、説得して合格まで持っていって良かったと思える瞬間でした。

「クレタに入社して良かったです」。

私にとって、これが一番嬉しい言葉です。クレタとマッチする可能性が高い学生を採用に導いているつもりでも、実際に入社してみてどうかは、やはり分かりません。会社としてその人物を採用して良かったと思え、学生にも入社して良かったと感じてもらえること。それが、採用担当の喜びです。

第7章

クレタの社会貢献活動

〈語り手〉
クレタ代表取締役社長
石亀一昭

価値あるものと、価値を生み出せるところをつなぐ〝ブリッジ〟になる

北海道で生まれ育ち、社会人として経験を積み、そしてクレタという会社を25年続けさせていただいた北海道。ここに住む人たちや豊かな自然に対して、仕事を通じて恩返しをしたい。そんな想いで、クレタではさまざまな社会貢献活動に協力してきました（図表11）。

社会貢献活動を始めるきっかけは、クレタが創業したころに遡ります。

起業の前年となる１９９７（平成9）年11月、北海道民が親しみを込めて「拓銀さん」と呼ぶ北海道拓殖銀行が経営破綻し、丸井今井が経営危機に陥り、北海道は経済的に大変な状況になります。人々に危機感が高まるなか、生活を防衛するために財布の紐がきつくなっていました。

そんななか、生活を切り盛りしている若いお母さんたちの間で自然発生的に始まったのが、ガレージセールでした。家庭でいらなくなったものや、子どもが大きくなって使わな

図表11

クレタがこれまで行ってきた社会貢献活動

- ✳ 毎月3万円のユニセフへの寄付
- ✳ 毎年行われる交通遺児への寄付
- ✳ 札幌市奨学金返済助成制度への協賛
- ✳ 北大フロンティア基金
- ✳ 胆振東部地震復興支援への寄付
- ✳ 東日本大震災への義援金
- ✳ 軽トラックの無料貸し出し
- ✳ 北海道大学競技スキー部にラッピングした
ハイエースの無料貸し出し
- ✳ 北海道日本ハムファイターズの
「北海道ボールパーク基金」への寄付　など

第7章

くなった服やおもちゃなどを持ち寄り、破格の値段で販売していたのです。

「ウチではもう要らないんだから、必要な人が使ってくれたらいいじゃない？」

もともと1万円で購入したものを300～500円で販売するのですから、多くの人が集まらないわけがありません。

それを見た私は、「世の中はこうやって経済をつないでいくんだな」と、いたく感銘を受けたものです。お金がなければ経済は回らないものだと思ってきましたが、そんなことはありません。よく考えてみれば、私が子どもだったころ、いらなくなったものを「物々交換」していたことを思い出しました。

その時、その瞬間に、自分ができることがあり、相手もやれることがある。そのなかでお互いの生活が豊かになるため、物々交換をしたり、安い価格で販売したりする。そんなガレージセールでのやりとりを目の当たりにするなかで、クレタにもなにかできることがあるのではないかと考えました。

ちょうどそのころ、苫小牧の店舗に10m×10mのショールームを建てたばかりでした。平日は仕事で使っていますが、週末の土・日曜日は空いています。

「週末であれば、ショールームを使っていただいてもいいのではないか？」と主催者に伝え、クレタの店舗内でガレージセールが開催されることになったのです。

開催されるやいなや、ガレージセールの話を聞いた主婦たちが殺到します。少しでも安い品々を求め、苫小牧はもとより、周辺地区からも多くの方が来店。クルマが渋滞になる、警察がやってくるほどの盛況ぶりとなりました。

それだけ多くの人で賑わったガレージセールですが、一つひとつの単価が安いため、販売による売上は15万円ほど。ガレージセールの開催にかかった経費を考えれば、収支はプラスではありません。

そこで、クレタからその日の売上と同等額を主催者に渡し、そのお金を地域に寄付してもらうことにしました。クレタが販売するクルマのエンドユーザーである地域のお客さまの生活や、その子どもたちの成長に役立ててほしいと考えたからです。

この経験を通して、価値あるものと、これから価値を生み出せるところをつなぐ〝ブリッジ〟のような役目こそが、社会貢献なのではないかと思い至ります。きっかけは地域の

第7章

主婦たちが始めたガレージセール。そこから社会のためになにかお返ししたいと考えるようになったのです。

寄付先を選定し、現場を訪問する「カメの子プロジェクト」

クレタの本社がある苫小牧といえば、マー君の愛称で呼ばれる田中将大投手が甲子園で投げて連続優勝を果たした、駒大苫小牧高校が有名です。

２００４（平成16）年の夏に甲子園初優勝の後、２００５（平成17）年には当時2年生だった田中投手を擁して大会を連覇します。

２００６（平成18）年には早稲田実業の斎藤佑樹投手と投げ合い、引き分け再試合の末、準優勝という結果になります。２大会連続優勝、３年目の準優勝に、苫小牧は街を挙げての盛り上がりとなりました。

彼らの姿に感動した私は、その想いをお伝えしたいと、駒大苫小牧高校に寄付をすることにしました。当初は、「優勝したら100万円、しなかったら50万円と差を付けたほうがいいのでは？」という議論が社内でありました。

当時のクレタの事業規模で、100万円を寄付するのは簡単なことではありません。まだ経営が軌道に乗るかどうかという時期でした。そんななかでの100万円の寄付という話に、社員から異論が上がるのは当然です。

しかし「結果が出てから寄付するのではなく、感動をいただいたことにお返ししたい」と、試合の結果に関係なく寄付することにしました。

そこには、大きな企業になってから社会貢献をするのではなく、まだ規模の小さな会社が汗水垂らしてつくったお金を寄付することに意味がある。そんな考えもありました。

駒大苫小牧高校の快挙のように、感動をいただいたところにお返しするプロジェクトはほかにもありましたが、多くは必要とされるところにお届けするプロジェクトです。価値あるものと、これから価値を生み出すところをつなぐ〝ブリッジ〟のような役目を果たしたいと考えていました。

社会に出るということは、社会に組み込まれることと同じです。社会は必要なもので成り立っており、必要のないものは淘汰されます。ならば、自分たちで社会に必要とされる行いをしていくしかありません。一緒になって動ければ話は簡単ですが、実際に行動するのは難しいことです。

そこで、地域社会にある課題を知り、それを解決するために自分たちにできることを考えて実践する「カメの子プロジェクト」をスタートしました。

自分たちの仕事でつくった付加価値のなかで、積み立てたお金を寄付していく。クルマを販売したら〇〇〇円、オイルを交換したら〇〇〇円、車検をしたら〇〇〇円という具合に、お客さまからいただいたお金から1年間少しずつ貯めたお金を、本当に必要とする、困っている人たちに寄付するというプロジェクトです。

自分たちは恵まれているけれど、そうではない方がたくさんいらっしゃいます。そのことを〝知る〟ために、自分たちの足で現場に赴き、どんな課題があるのかを、自分事として感じることから始めます。

例えば、入社して2カ月ほどの新入社員に対し、「自分が育った地元の町長に会って、その地域でなにか困っていることがないかを聞いてきなさい」と課題を出します。新入社員と一緒になって動くのが、役職者に昇格した社員です。2人でペアになって、プロジェクトを進めていきます。

町長にアポイントを取り、現状はどうで、課題はどんなところにあるのかをうかがい、現場へと向かいます。目と耳だけでなく、五感を使って、自分たちになにができるのか、寄付をすることでどんなお役に立てるのかを考えていきます。

最近では寄付が警戒されるようになりました。寄付をしたいと言っても、どのような団体がなにをやっているのか、その寄付を受けてよいのかを審査されます。まず、自分たちがどんな会社なのか、どういう目的で寄付をするのかをお話しし、しっかり納得していただくためのアクションも、新入社員にとっては大きな勉強になると考えています。

「カメの子プロジェクト」を通じて寄付先を選定し、実際に各団体へ訪問することで、地域社会への関心が高まり、そのなかで自分たちが仕事をする意義を実感できる。まさにクレタの理念を体現し、社員の成長と地域貢献を図ることができるのです。

第7章

労働人口が不足する日本に、海外の働く力が不可欠になる時代

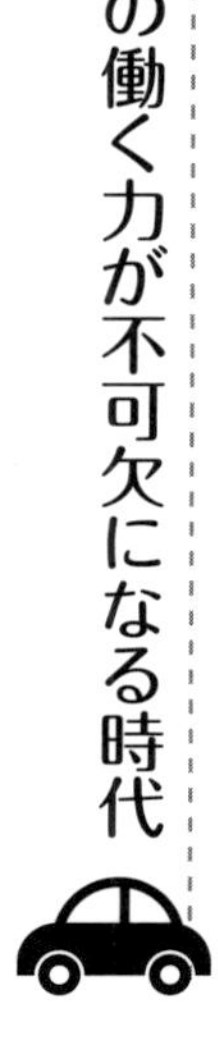

創業した当初から行ってきたのが、ユニセフへの毎月3万円の寄付です。第1章でお伝えした通り、私には子どものころから海外へ行きたいという強い想いがありました。自動車販売会社にいたころには、青年海外協力隊でマレーシアに2年間滞在し、現地で自動車整備技術を教えるという貴重な体験もしてきました。

そんな経緯もあり、クレタでは創業当初より、ユニセフへの寄付を行ってきました。寄付先は貧困にあえいでいる国や地域。政情不安や天変地異により、食事や寝るところに事欠き、生きていくことが大変な人々に役立ててほしいと始めました。

時は過ぎ、現在日本では労働人口が不足しています。将来、私たちはユニセフで寄付金をお届けした国の人たちの助けがないとやっていけなくなると考えています。クレタだけでなく、北海道を、日本を、持続可能にしていくためには、海外にいる人たちの力が不可欠になる時代がすぐそこに来ているのです。

そんなところに同業の社長仲間の一人が、インドネシアやベトナム、フィリピンで日本語学校をつくっているという話を聞いたのです。

彼の地に日本語が話せる人が増えれば、今後労働人口が不足する日本に来てもらえる可能性が高まります。なにより自分の国で働く場所が見つからない現地の人に働ける場所を提供でき、貧困の解消につながります。まさにウィン・ウィンの関係となるのです。

とはいえ、現地の状況は行ってみなければ分かりません。インドネシアに10数年間赴任していた裕晃のかつての会社の上司にお話をうかがう機会がありました。現地でその自動車メーカーのクルマを販売しているのですが、地場の財閥の力が強く、日本のクルマが現地の生活レベルには届かないというのです。

そんな状態のところに、日本からお金を寄付しても、本当に届いてほしい人たちに届かないのではないか？　もしそうであれば、寄付しても意味がありません。

しかし、将来、労働人口が不足する日本のことを考えれば、現地の人たちともっと結びつきを強めなければいけません。

そこで、私自身がインドネシアに向かいます。ディーラーはジャカルタにはありますが、地方都市にはほとんどなく、道ばたにクルマが置き去りにされている光景をよく目にしました。自動車整備のニーズが高いのは間違いありません。自動車整備の技術さえあれば、事業を興すこともでき、整備工場を建設することもできます。

ならば、現地の人を日本人がサポートするカタチで、整備工場をつくったらどうかと考えました。日本人が整備工場をつくるとなれば、地元の財閥から目を付けられるかもしれませんが、現地の人を補うというポジションであれば問題ないはずです。

地元の人たちが整備工場を起こすための架け橋となれれば、将来的に地方が整備できるだけでなく、現地に働き口ができ、所得を上げることにつながるのではないかと考えています。

インドネシアに着くと、当初訪問する予定ではなかった高校にも立ち寄ってほしいと言われ向かうと、校長先生が生徒をたくさん集めてくれて、学校内を見学させてくれました。お話をうかがうと、インドネシアの都市部にはまだ就職先があるのですが、地方には全然足りていないとのこと。インドネシアは一家族にたくさんの子どもがいるため、1つの学校に1000人以上の生徒がいることも多く、手に職をつけるコースを出ても、それとは関係のない違う仕事をしないといけない。そして自動車科を卒業したとしても、自動車会社で働ける人はほとんどいないというのです。

そこで、現地で就職できないならば、日本での就職を見越した独自のカリキュラムをつくればよいと考えました。そのカリキュラムをしっかりマスターすれば、確実に就職できるような仕組みをつくればよいのです。

日本で整備士資格が取得できるレベルのカリキュラムで勉強し、日本企業に就職できるとしたら、生徒にとって目標ができますし、それに向かって勉強を頑張ろうという意欲も生まれるはずです。

まだ、構想の段階ではありますが、実現できたとしたら、どんどん日本に働きに来てくれるようになると思っています。

ちなみに、クレタでは2024（令和6）年度より、インドネシアから特定技能者の採用を開始します。求めていることや取り巻く状況をお互いがしっかり理解することで、国を超えて人と人の結びつきを深められたと感じています。なにより恵まれすぎている日本人とは異なるカタチで、やる気があるインドネシアの人たちも頼りになると、私は考えています。

働くところがない海外の人たちと、労働人口が不足する日本。それをつなぐのが自動車整備技術です。価値あるものと、価値を生み出すところを結ぶ〝ブリッジ〟として、理想的な社会貢献をカタチにできると確信しています。

被災された方に寄り添い、真剣に考えているか

2024（令和6）年1月1日に発生した能登半島地震は、なかなか復興の兆しが見えてきません。月日の経った今でも、水道をはじめとしたライフラインがまだ十分に行き渡らず、不自由な暮らしを余儀なくされている方たちも多い状況です。被災された方たちのお役に少しでも役立てればと、義援金を送らせていただきました。

今から29年前の1995（平成7）年に起きた阪神淡路大震災。その時、私はまだ前職の自動車販売会社に在籍しており、義援金募集を先導できるような立場ではありませんでした。今考えれば、立場は関係なく、自ら声を上げて義援金を募るべきだったと後悔しています。

その後、2011（平成23）年の東日本大震災、2018（平成30）年に起こった北海道胆振東部地震と続き、最近では異常気象により、大きな台風をはじめ、各地でさまざまな災害が続いています。

クレタでは被災された方に寄り添い、その地域の役に立ててほしいと、これまで義援金を送ってきました。事業規模よりも大きい、まとまった額を寄付させていただいています。被災された方々の大変さに私の想像は遠く及びませんが、自分たちの身を削るほどの額を寄付することで、心だけでも寄り添っていければと考え、行ってきました。

では、今回の能登半島地震ではどうだったのか？　すぐに「社員一人につき5000円を寄付する」という方向性が決まりました。それを聞いた瞬間、私のなかで「そんな簡単

第7章

に決めてよいのか？」という気持ちが起こったのです。

まだ全容をつかめていないタイミングです。なにが足りなくて、どんな状況なのかも分かっていません。そんななか、速やかに義援金をお送りするという決定は素晴らしいし、金額も納得できるものではあります。

ただ、もっと被災された方に寄り添うべきではないかと思いました。自分たちが汗水垂らして手に入れたお金の一部を送るのです。一人５０００円が多い少ないと言っているわけではありません。被災されてつらい想いをされている人たちのことを、もっと真剣に考えて、寄り添って答えを出しているのかと感じました。

かつての震災では、自分たちになにができるのかを喧喧諤々（けんけんがくがく）話し合った末に、金額を決めて義援金として送っていました。今は、社内の取り決めがシステマチックになっています。だれもが分かり、理解できて、スムーズに答えを導き出せるのは大切なことです。でも、それが右から左に流れているような気がしてならないのです。

なにかが起きたら義援金を一人いくら送ることが当たり前になっていないか？　被災された人の気持ちに寄り添い、汗水垂らしてつくったお金を寄付するからこそ、大きな価値があるのです。私からすれば、今の状況がちょっとスマートすぎるように感じました。

今後、どのようになっていくのか、そのあたりはじっくりと次の世代に考えてほしいと思っています。

価値あるものと、価値を生み出せるところをつなぐ〝ブリッジ〟。それが、私の考える社会貢献です。汗水垂らして得た付加価値の一部を、困っている方や必要とされている方にお送りし、活用していただく。それにより新たな価値が生まれるとすれば、大きな意味があると感じています。

クレタは仕事を通じて、これからも社会貢献に取り組んでいきます。

第8章

クレタのこれから、目指していくこと

〈語り手〉
クレタ代表取締役社長
石亀一昭

日本国内の上位1%のみが達成できる100億円企業

1998（平成10）年、中古車販売会社としてクレタは設立されました。その後、整備、鈑金・塗装、保険、車検まで業種を拡大します。苫小牧からスタートした店舗は、2014（平成26）年には札幌店、2020（令和2）年に北広島店、2022（令和4）年には札幌東店と、現在4店舗で展開しています。年間販売台数は約2500台、年間車検代数は約6000台を数え、従業員数も106名にまで成長しました（2024年1月現在。パート・アルバイトを含む）。

その背景にあったのが、「軽自動車で、北海道を元気に。」という企業理念です。北海道に軽自動車を普及させ、より多くのお客さまや社員の皆さんに幸せを届けたい！　その理念の広がりを表す指標として着目したのが、「売上高」です。

クレタの創業から10年経った2008（平成20）年には3・6億円だった売上高が、2013（平成25）年には13億円、2018（平成30）年には29・4億円、2023（令和5）

図表12

クレタの売上推移

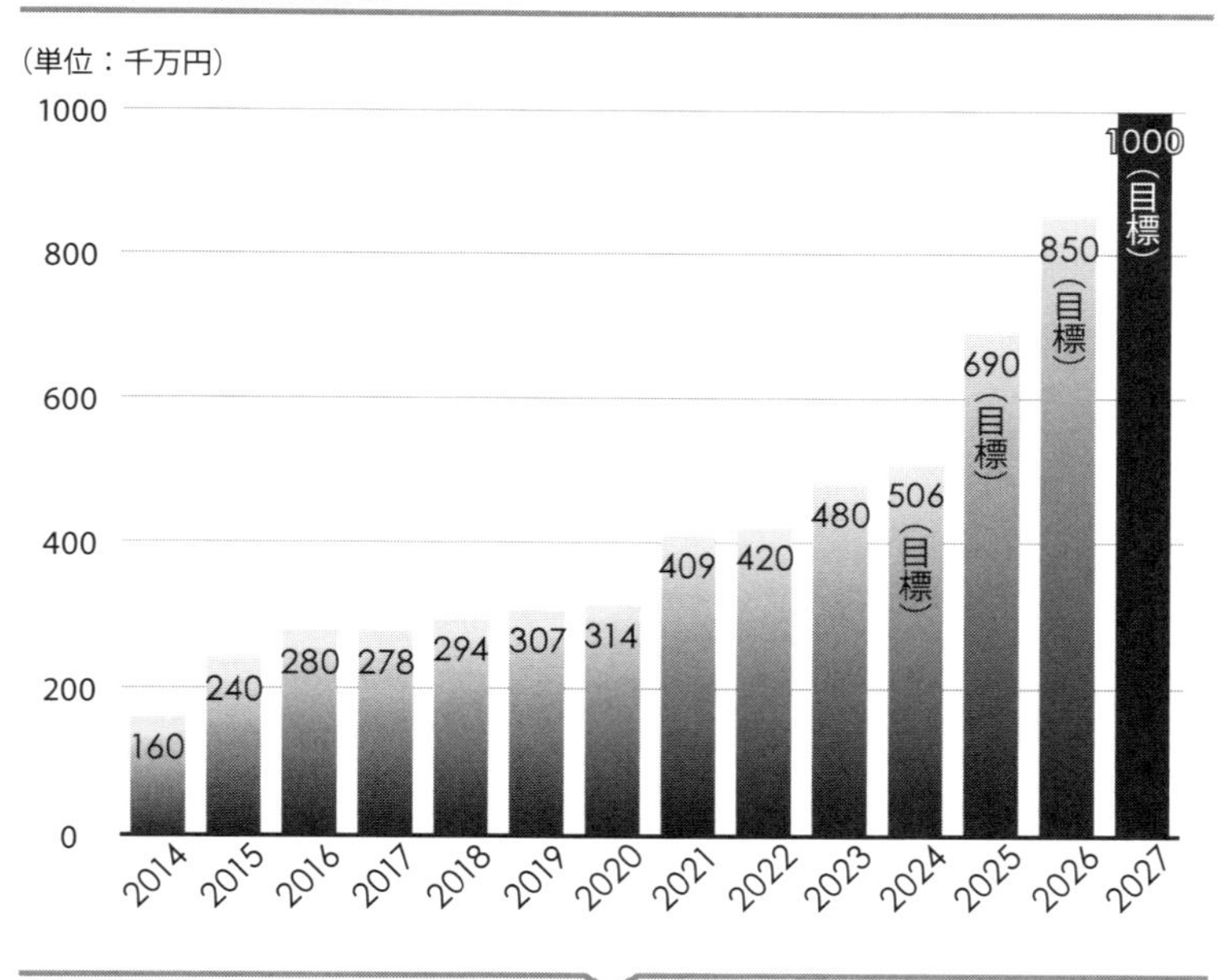

目指すのは「2027 年の売上 100 億円」

年で48億円と、大きく成長することができました。

次なる目標が、4年後となる2027年までに現時点の2倍強となる売上高100億円の達成です（図表12）。

その理由はなにか？　それは売上高100億円を達成している企業が、国内で上位のわずか〝1%〟のみだからです。約25年前に、北海道苫小牧で生まれた小さな中古車販売会社が、国内でわずか〝1%〟の100億円企業になれたとしたら、私たちにとって大きな自信になるのは間違いありません。

そして、北海道の人々にも大きな希望を与えられるのではないかと考えています。だれもが経験できるわけではない上位〝1%〟です。その頂を味わってみたい。社員とその光景を一緒に見たい。


クレタの成長は、北海道を元気にすることを意味します。クレタの売上の主となるのは軽自動車の販売です。クレタが成長することは、北海道に軽自動車を普及させることにほかなりません。コストのかからない軽自動車に乗り換えることで、北海道の人々の可処分所得が増え、未来を担う子どもたちの教育に回していける。エコで燃費が良く、CO_2の排出量も少ない軽自動車ならば、北海道の自然環境保護にも貢献できるのですから。

これからも、「軽自動車で、北海道を元気に。」という企業理念のもと、クレタは売上高100億円を目指していきます。

国や言葉の垣根がなくなる時代に求められること

最近感じるのが、国や言葉の垣根がなくなってきたことです。インターネットの普及により、例えば日本でヒットしたアニメソングが、今では世界各国で歌われています。日本語というドメスティックな言葉での楽曲ながら、その言葉の垣根を軽々と飛び越えて、世界で日本のアニメソングが歌われている様子を見るにつけ、これまでの考えはもう通用しないことが分かります。

もちろん、領土を主張して戦争や紛争の渦中にある地域があること、言語や文化の違いによる偏見や差別など、まだまだ多くの課題が残っているのは理解しています。しかし、インターネットの普及が、確実に国や言葉の垣根を低くしているのは間違いありません。

かたや、人の移動についてはどうか。日本では労働人口の不足がますます深刻になっていきます。最近では大阪万博のパビリオン建設に必要な人材を確保できないため遅れが出ていたり、トラックドライバーが不足するため物流に支障を来したりするなど、労働人口の不足が私たちの生活にまで影響を及ぼしています。

逆に、グローバルサウスと言われるアジアやアフリカといった経済発展が遅れている地域では、高い出生率や経済的要因により、人口が爆発的に増加。当然、働き口を見つけられない人はますます貧困に陥るだけでなく、食べることができないという悪循環に陥っていきます。

となれば、不足しているところに人が流入するのは当たり前のこと。労働人口が不足する日本に、海外から労働者が多く押し寄せてくるのは自然の流れです。国内では技能実習生や留学生、特定技能の外国人労働者など、さまざまなプログラムを通じて、外国人労働者を受け入れる政策を実施していますが、今後日本の労働力を確保するために、海外からの人の流れがますます加速していくに違いありません。

そんな時代において、良いものや必要なものは受け入れられ、そうでないものは廃れるという状況が加速していくでしょう。

北海道と内地という感覚はもちろん、日本と海外の垣根が低くなるなか、北海道エリアに特化し、「軽自動車で、北海道を元気に。」というクレタが掲げる企業理念がそのままでよいのか。どうすれば、これからの時代もクレタが求められる存在でいられるかを真剣に考えなければいけません。

北海道でインフラとしてのクルマを維持する存在になる

北海道では都市部を除き、過疎化が進んでいます。電車の路線が少ないうえに、バスも利用人数の減少やドライバーの高齢化により、廃止されてしまうことも多い状態です。そのなかにあって、クルマは生活に欠かせないインフラになっています。

そんな北海道が直面する過疎地の交通事情に対し、クレタにできることを考えることも重要です。

第8章

参考になるのが、同じ北海道に根ざした、道民御用達のコンビニエンスストア「セイコーマート」です。北海道の人の生活に深く根ざした、オレンジ色の看板が目印のコンビニエンスストアで、道内の隅々まで店舗網を張り巡らせています。全1187店舗中、道内が1091店舗と約92%を占めています。

「買い物難民をなくす」というスローガンのもと、人口が希薄な北海道の市町村でチェーンストア経営を実現するため、低コストで運営できる店舗経営と、効率的なサプライチェーン、つまり製造から調達、在庫、配送、販売までの一連の流れを少ない売上でも維持できる仕組みをつくり上げてきました。

なかには、役場と一緒になって営業を行う店舗もあります。役場の人がレジに入ったり、営業時間を10~16時に短縮したりするといった工夫をして、店舗を継続できるようにしています。コンビニエンスストアが、〝社会のインフラ〟であり、〝人々のライフライン〟として、できることに邁進している姿に学ばせていただいています。

クルマを維持するには、近くにガソリンスタンドや、車検ができるところがなければいけません。クルマの調子が悪い時はすぐに整備できるところや、整備の知識がある人が必要です。セイコーマートが人口の希薄な地域でも低コストで運営でき、効率的なサプライチェーンの仕組みをつくり上げたのと同じように、自動車販売から保険、修理、車検、ガソリンスタンドまで、すべての流れを一つにしたカーライフステーションを、北海道の過疎地に最低1店舗は設置してはどうかと考えています。1～2名のスタッフを常駐させ、経営が成り立つくらいの売上を上げられればよいのです。

収益については、現在の苫小牧、札幌、北広島、札幌東の4店舗の収益と合わせ、トータルでプラスにしていく。いずれはクレタが北海道全体のインフラとしてのクルマを維持するための存在になれればよいと思っています。

コンビニエンスストア同様、クルマも〝社会のインフラ〟であり、生活に不可欠な〝人々のライフライン〟です。軽自動車を販売するクレタが、北海道を元気にするために考えなければいけないことが、まだまだ山積みになっているのです。

おわりに

クレタのこれまでと、これから目指すことについてお伝えしてきました。

苫小牧のプレハブ店舗から始まったクレタは、創業から25年が経過しました。

北海道の中心である札幌にも出店しているほか、北海道ボールパークFビレッジで盛り上がる北広島市にも大きな店舗を構えるようになっています。

「軽自動車で北海道を元気に。」

クレタのモットーは、ありがたいことに多くの方に受け入れていただき、軽自動車の販売やその後のメンテナンスだけでなく、社会貢献活動においても数多くのご支持をいただくことができました。

「北海道のために」という思いを持った多くの優秀な社員にも多々入社してもらえて、私たちのモットーをより高いレベルで実現するための環境が、一つずつ整ってきている。そう感じています。

クレタのこれからは、若い人たちが担っていってくれることを期待しています。

人手不足が深刻な時代です。これからも働く人を集める会社であり続けるためには、いかに働く人に「自分が輝ける場所はここだ」と感じてもらえるかが大事だと考えています。

やりたいことができる会社であること。やりたいことを実現するために、今何をしたらよいかが分かること。

もちろん働くうえでは報酬も大事ですから、どう頑張れば給料が増えるかが明確で、迷うことなく頑張れる環境があること。

クレタはこれからももっと「働く人にとって良い会社」を目指し、動き続けます。働く人が満足してやりがいを持って働いてくれれば、それがお客さまにとっても良いものを提供できるからです。

私たちが生まれ育ち、多くのものをもたらしてくれる北海道を、より豊かな場所にするために。低価格で維持コストも低く、環境負荷も少ない軽自動車を利用して可処分所得を増やし、その分を教育に回すことで、そこに住む人たち、未来をつくる子どもたちが、もっと充実した人生を送れるために。

クレタがするべきこと、果たすべき役割は、まだまだあると感じています。


長年使われていた北海道のキャッチコピーは「試される大地」から「その先の、道へ。北海道」へと変わりました。

北海道にはさまざまな可能性が広がっていること、そして、北海道が未来や世界に積極的に進んでいこうとする動きを感じさせるものとのことです。

クレタはさらなる先を目指していく北海道を物心両面から支える、北海道にとってなくてはならない会社になることを目指して、これからも歩みを続けていきます。

株式会社クレタ代表取締役社長
石亀一昭

編著者プロフィール

著

株式会社クレタ

1998年、北海道苫小牧市にて創業。「軽自動車で北海道を元気に。」をモットーに、軽自動車に特化した「北海道軽パーク」を北海道内に4店舗展開。車検、自動車保険、整備など軽自動車に関するワンストップサービスを展開。

年間の軽自動車販売台数は約2500台、年間車検台数は約6000台、総在庫台数は1000台以上。2023年の売上は48億円。

各自動車メーカー、保険会社から毎年多くの表彰を受けているほか、地方創生メディア「Made In Local」で「北海道を代表する企業100選」に選出される。

その他顧客の利用数に応じて予算を組み、地域に還元する「カメの子プロジェクト」など寄付活動を多々行っている。

株式会社クレタ　ホームページ

https://kereta.jp/

編

株式会社クレタ 代表取締役社長 石亀一昭

九州電機短期大学自動車整備科を卒業後、自動車販売会社に就職。その後、1998（平成10）年に43歳にしてクレタを創業。現在、北海道軽パークを4店舗で展開する。

企 画 協 力　社長の出版プロデュースチーム（株式会社船井総合研究所）
写 真 撮 影　織田桂子、吉田　伸
編 集 協 力　岡本　晃
組　　　版　GALLAP
装　　　幀　華本達哉（aozora.tv）
図版・校正　春田　薫

北の大地に夢を運ぶ軽自動車
小さなプレハブから始まった「北海道軽パーク」成長の軌跡

2024 年 10 月 17 日　第 1 刷発行

著　者　　株式会社クレタ
編　者　　株式会社クレタ 代表取締役社長 石亀一昭
発行者　　松本　威
発　行　　合同フォレスト株式会社
郵便番号 184 - 0001
東京都小金井市関野町 1 - 6 -10
電話 042（401）2939　FAX 042（401）2931
振替 00170 - 4 - 324578
ホームページ　https://www.godo-forest.co.jp/
発　売　　合同出版株式会社
郵便番号 184 - 0001
東京都小金井市関野町 1 - 6 -10
電話 042（401）2930　FAX 042（401）2931
印刷・製本　モリモト印刷株式会社

ISBN 978-4-7726-6252-9　NDC 336　188 × 130